浙江省高水平专业群建设项目系列教材

虚拟现实设计
Unity案例实战详解

主　编◎唐　银　刘晓杰

副主编◎何思颖　吕玉龙

参　编◎沈　飞　夏宁宁　张　弛　白　亮

清华大学出版社
北京

内 容 简 介

本书旨在帮助读者深入了解虚拟现实技术，并通过具体的 Unity 案例实战来掌握相关设计和开发技能。本书首先介绍了虚拟现实技术的基本概念和原理，为读者提供了深入了解虚拟现实世界的基础知识。接着，书中详细介绍了 Unity 引擎的基本用法和开发工具，以帮助读者快速上手虚拟现实开发。

本书适合艺术设计专业的师生使用，可为虚拟现实设计和 Unity 开发领域的从业者提供宝贵的学习资源。

图书在版编目（CIP）数据

虚拟现实设计：Unity 案例实战详解 / 唐银，刘晓杰主编 . —北京：清华大学出版社，2024.6
ISBN 978-7-302-64855-0

Ⅰ.①虚…　Ⅱ.①唐…②刘…　Ⅲ.①虚拟现实—程序设计—教材　Ⅳ.①TP391.98

中国国家版本馆 CIP 数据核字（2023）第 217133 号

责任编辑：徐永杰
封面设计：汉风唐韵
责任校对：王荣静
责任印制：宋　林

出版发行：清华大学出版社
　　　　网　　　址：https://www.tup.com.cn, https://www.wqxuetang.com
　　　　地　　　址：北京清华大学学研大厦 A 座　　邮　编：100084
　　　　社 总 机：010-83470000　　　　　　　邮　购：010-62786544
　　　　投稿与读者服务：010-62776969, c-service@tup.tsinghua.edu.cn
　　　　质量反馈：010-62772015, zhiliang@tup.tsinghua.edu.cn
印 装 者：三河市龙大印装有限公司
经　　销：全国新华书店
开　　本：185mm×260mm　　印　张：14.75　　字　数：293 千字
版　　次：2024 年 6 月第 1 版　　　印　次：2024 年 6 月第 1 次印刷
定　　价：69.80 元

产品编号：101745-01

党的二十大报告指出，要加快建设"网络强国、数字中国"。2018年，习近平总书记向首届数字中国建设峰会致贺信，指出："加快数字中国建设，就是要适应我国发展新的历史方位，全面贯彻新发展理念，以信息化培育新动能，用新动能推动新发展，以新发展创造新辉煌。"虚拟现实技术作为一项前沿技术，是一项高科技创新，应用广泛，可以为各行各业提供更多的发展机会，提高工作效率，促进数字经济发展等。虚拟现实作为一种全新的技术，为人们创造出一个可以完全沉浸于虚拟世界的机会。这个世界不仅可以让人们体验到无限的可能性，还可以提供极其真实的感官体验。因此，虚拟现实的设计具有很大的潜力，可以应用于许多领域，如游戏、教育、医疗等。

虚拟现实设计不仅把图像和声音放在一起，而且需要考虑用户的感知和体验。在设计虚拟现实的时候，需要考虑用户的交互方式、运动方式、视觉和听觉效果等因素，以创造出一个完美的虚拟世界。

本书旨在为读者提供虚拟现实案例设计的全面指导，包括从概念到实践的全部过程。我们将从设计概念的基础开始，探讨机器人结构交互设计、宇宙家园——太阳系路径动画制作、青铜器文物虚拟展示设计制作、坦克AR交互设计制作、汽车互动体验制作、数字孪生——机械结构虚拟设计制作、美丽乡村虚拟现实搭建等内容，通过对虚拟现实的设计原则、用户体验、交互设计、视觉和声音效果等方面的内容学习，进一步掌握虚拟现实设计和Unity开发的各项技能。

无论你是一名初学者还是一名经验丰富的设计师，我们相信，本书将让你对虚拟现实设计有深入了解，并帮助你打造出更加出色的虚拟现实体验。

最后，我要感谢参与本书编写的各位专家，他们的经验和智慧使本书的出版成为可能。特别感谢为本书提供案例支持的北京讯驰视界科技有限公司、浙江南麓文化传媒有限公司。我们希望读者能够从本书中获得所需的知识，实现虚拟现实设计梦想。同时竭诚希望广大读者对本书提出宝贵意见，以促使我们不断改进。由于时间和编者水平有限，书中的疏漏和不足之处在所难免，敬请广大读者批评指正。

编者

2023 年 12 月

项目 1
虚拟现实基础知识讲解

　　党的二十大报告提出了许多数字技术的应用方向和战略，通过虚拟数字技术以推动数字化经济、数字治理、数字文化等领域的发展。虚拟现实（virtual reality，VR）技术是一种通过模拟人类感官系统的输入，为用户创造一种"身临其境"的虚拟环境，通过佩戴 VR 头盔或眼镜等设备，将用户完全包裹在虚拟环境中的技术。这些设备能够追踪用户的头部和身体运动，以便在虚拟环境中产生相应的变化和互动。虚拟现实技术可以被应用于多个领域，如游戏、教育、医疗、建筑、旅游等，如图 1-1 所示。

图 1-1　使用中的虚拟现实

项目提要

　　学习虚拟现实的基本概念、Unity 基本概念，Unity 与虚拟现实结合等知识。在介绍各种理论知识的同时，会以案例的形式拓展读者的实际操作能力。每个项目内容学习完成后，会以案例的形式对本项目所学内容进行综合应用，使读者能够理论结合实践。

项目思维导图

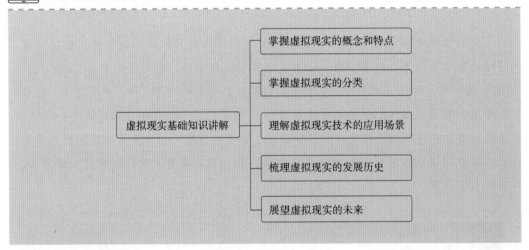

建议学时

　　5 学时。

任务 1-1　掌握虚拟现实的概念和特点

情境导入

　　刘老师提问：同学们知道虚拟现实的概念吗？同学小唐回复：虚拟现实就是 VR！刘老师纠正道：VR 是虚拟现实，可是虚拟现实可不只是 VR 哦，其实虚拟现实是利用电脑模拟产生一个三维空间的虚拟世界，提供给使用者关于视觉、听觉、触觉等感官模拟，让使用者如同身临其境一般，可以及时、没有权限地观察三维空间内的环境和物体并与其互动。本任务将会带领大家走进虚拟现实的世界。到时每位同学都可以感受虚拟现实的奇妙之处，放心，你们肯定会被虚拟现实的魅力吸引的。

任务目标

知识目标

1. 了解虚拟现实的研究和技术发展。

2. 熟悉虚拟现实的工作原理。

3. 掌握虚拟现实的技术概念。

技能目标

1. 提升学生对虚拟现实的概念和特点的理解能力。

2. 提升学生区分虚拟现实技术特点的能力。

3. 深化学生理解虚拟现实技术理论的能力。

思政目标

1. 增强学生的国家意识，培养担当民族复兴大任的意识和能力。

2. 提高学生的文化和审美素养，培养具有人文和创新精神的人才。

3. 培养学生的创新意识和实践能力，促进学生的综合素质提高。

建议学时

1 学时。

相关知识

　　虚拟现实是一种计算机技术，可以创建一种看起来和感觉像真实环境的人造世界；可以创造一种让用户感觉像置身于真实环境中的体验，让用户完全沉浸在虚拟世界中；可以让用户在虚拟世界中与其他用户互动，增强了用户的参与感和体验；可以模拟真实世界的空间感，让用户在虚拟世界中感受到真实的深度和距离感；可以让用户根据需求和喜好自定义虚拟世界的环境、角色和物品等，增加个性化体验，实时呈现行为和反馈，快速地对虚拟环境作出反应。

一、虚拟现实的概念

　　20 世纪，信息技术取得了迅速发展，虚拟现实技术和计算机图形设计的结合，实现了有身临其境感的艺术形式，虚拟现实设计应运而生。虚拟现实设计强调的是人与虚拟环境之间的交互方式，体现出技术与艺术之间新的融合，是为满足某种实际应用而进行的，且具有一定的目的性，能够使体验者进入有动态和声像功能的虚拟三维环境中，直接和该环境中的事物自由交互。虚拟现实设计是以技术为载体、以人的感官为平台、技术和艺术相融合的一种全新的艺术形式。

虚拟现实技术是仿真技术的一个重要方向，是仿真技术与计算机图形学、人机接口技术、多媒体技术、传感技术、网络技术等多种技术的集合，是一门富有挑战性的交叉技术前沿学科和研究领域。虚拟现实技术主要包括以下内容。

（1）模拟环境。模拟环境是由计算机生成实时动态的三维立体逼真图像。

（2）感知。理想的 VR 应该具有人类所具有的感知。除计算机图形技术所生成的视觉感之外，还有听觉、触觉、力觉、运动等，甚至包括嗅觉和味觉等，也称为多感知。

（3）自然技能。自然技能是指人的头部转动，眼睛、手势或其他人体行为动作，由计算机来处理与参与者的动作相适应的数据，并对用户的输入作出实时响应，分别反馈到用户的五官。

（4）传感设备。传感设备是指三维交互设备。

VR 是一项综合集成技术，它用计算机生成逼真的三维视、听、嗅等感觉，使人作为参与者通过适当装置，自然地对虚拟世界进行体验并感受其交互作用。使用者进行位置移动时，计算机可以立即进行复杂的运算，将精确的 3D 世界影像传回，使用户产生临场感。该技术集成了计算机图形（CG）技术、计算机仿真技术、人工智能、传感技术、显示技术、网络并行处理等技术的最新发展成果，是一种由计算机技术辅助生成的高技术模拟系统。

概括地说，虚拟现实是人们通过计算机对复杂数据进行可视化操作与交互的一种全新方式，与传统的人机界面及流行的视窗操作相比，虚拟现实在技术上有了质的飞跃。

虚拟现实中的"现实"泛指在物理意义或功能意义上存在于世界中的任何事物或环境，它可以是实际上可实现的，也可以是实际上难以实现的。而"虚拟"是用计算机生成的意思。因此，虚拟现实是指用计算机生成的一种特殊环境，人可以通过使用各种特殊装置将自己"投射"到这个环境中，并操作、控制环境，实现特殊的目的，即人是这类环境的主宰。

二、虚拟现实的特点

（一）沉浸感

沉浸感是指用户存在于计算机运行下的一个虚拟环境中，被虚拟现实环境包围的感受。沉浸式虚拟环境一般使用头戴式显示器（Head Mounted Display，HMD），将参与者与现实世界隔离开来，并为参与者提供立体视觉。沉浸式虚拟现实环境是通过听觉和视觉来处理主要信息的，参与者所看到和听到的信息对沉浸感的影响非常重要。沉浸的物理水平取决于用户能接收多少真实世界。沉浸感的差异主要源于 HMD 的物理性能差异，与 FOV（视场角）的局限性、产生的图像分辨率、操控方式，以及一些 HMD 的重量有关。

沉浸感是人对计算机系统创造和显示出来的虚拟环境的感觉与认识。当参与者置身于虚拟环境中时，其感觉系统以一种与在真实环境中相同的方式处理来自虚拟世界的视觉和其他感知数据。早期的沉浸理论指出，挑战与技巧是影响沉浸的主要因素：若挑战太大，使用者对环境会缺少控制能力，因而产生焦虑或挫折感；反之，则会觉得无聊而失去兴趣。沉浸状态主要出现在两者平衡的情况下。两者均低时，使用者的心态较为冷漠。后续的研究则开始注重沉浸感带来的自我肯定，促进使用者的后续学习行为。

沉浸体验的发生伴随着九个因素：①每一步有明确的目标；②对行动有迅速的反馈；③挑战和技巧之间平衡；④行动和意识相融合；⑤摒除杂念；⑥不必担心失败；⑦自我意识消失；⑧时间感歪曲；⑨行动具有自身的目的。

理想的虚拟现实模拟环境应该使用户难以分辨真假，全身心地投入计算机创建的三维虚拟环境中，该环境中的一切看上去是真的、听上去是真的、动起来是真的，甚至闻起来、尝起来等一切感觉都是真的，如同在现实世界中。

（二）交互性

交互是指用户和虚拟现实系统进行的连接与通信。虚拟现实通过对视觉、听觉、触觉、嗅觉和味觉等多种感知渠道输入环境信息，感受到刺激，并进行操作行为和肢体动作的输入，反馈给虚拟现实系统。和计算机的交互能够借用这些感觉通道进行自然的交互。交互的方式也从以往与计算机视觉的交互延伸虚拟现实环境下设计评价的体验研究到触摸、肢体、空间的交互。例如，用于手部实时交互的设备主要是运动跟踪器、控制器和感应手套。这些设备可以帮助用户在虚拟世界中实现基于手的自然交互。

虚拟现实设计强调以自然的方式进行交互，自然度和真实度是用户满意度的重要衡量标准。交互性是指虚拟环境是将主动权交给体验者，不同的体验者进入虚拟环境后，不同的交互行为将会有不一样的互动效果。交互时，虚拟环境中物体的相关数据会通过虚拟设备，快速地反馈给体验者如同在真实生活中接触物体时产生的感知，使体验者甚至意识不到自己处于虚拟环境中。虚拟现实设计能够让体验者身临其境地感知到多种感官信息，正因为如此，虚拟技术促使传统设计有了新的创作理念。下面介绍几种常见的虚拟现实交互方式。

1.虚拟现实手柄

目前，VR 厂商 HTC Vive、Oculus 以及字节跳动旗下 VR 厂商 PICO，都不约而同地采用虚拟现实手柄作为标准的交互模式，但其交互方式无非是按钮和震动反馈。或许这种交互方式在虚拟现实游戏中可以自如地应用和使用，但却无法适用于更加广阔的场景。

2. 眼球追踪

大多数人认为眼球追踪技术是解决虚拟现实头显设备眩晕问题的突破，Oculus 创始人曾称其为 VR 的心脏，因为对人眼位置的检测能够为当前所处的视觉提供最佳的 3D 效果，使 VR 头显显现出的图形更自然、延时更小，这都能大大增加它的可玩性，同时由于眼球追踪技术可以获知虚拟物体视点位置的浅深，所以眼球追踪技术被大部分从业者认为将成为解决虚拟现实问题的重要突破。

3. 手势跟踪

目前手势跟踪有两种方式：光学跟踪和利用数据手套进行跟踪。

光学跟踪的优势在于场景灵活、使用方便，不需要在手上穿脱专门的设备，未来在一体化移动 VR 终端集成光学手部追踪元件也是可行的方案。但是使用手势跟踪的缺点是不直观，没有反馈也是一大硬伤。

利用数据手套进行跟踪一般都会在手套上安装传感器来跟踪用户的手指乃至整个手臂的运动，它的优势在于没有市场的限制，而且完全可以在设备上集成反馈机制，如振动、按钮和触摸。其缺陷在于使用门槛较高，用户需要穿脱设备，因此作为一个外设，其使用场景还是较局限。

4. 动作捕捉

动作捕捉技术看似复杂，但其技术已经接近完善，其方法大概分为两种：一是使用摄像头（单个或多个）来捕捉玩家的动作；二是将捕捉节点穿戴在身上各个主要关节位置进行惯性捕捉。目前，多数动捕设备能在特定场景中使用，并且要花费较长的校准和穿戴时间，再加上其交互设计的一大痛点是没有反馈，用户很难感知自己的操作是否有效，所以在影视动画领域使用较多。

除此之外，还有语音、真实场地、传感器（如温度、光敏、压力等）等交互方式，VR 拳击设备 Impacto 还提出一种"肌电模拟"的交互方式，会在恰当的时候产生类似拳击的"冲击感"。虚拟现实是一场交互方式的新革命，虽然交互的输入方式尚未统一，但随着其技术的不断增长，我们不难判断未来虚拟现实的多人真实交互将会带来巨大惊喜。

（三）构想性

构想性是指在多维信息的虚拟环境中，用户依靠自己的感觉和认知获取有用信息，寻求问题的解答方式。在这个过程中，用户可以发挥主观能动性，并能发挥想象力，即使虚拟环境的内容与真实世界的法则完全脱离，用户也能参与到虚拟世界中，并且与之交互。当用户自己定义虚拟现实环境的部分内容时，也可以自行创造一个新的世界。

值得一提的是，VR 技术的构想性对于教育方面的应用意义尤为重要。由于虚拟现实系统中装有视、听、触、动觉的传感及反应装置，使用者在虚拟环境中可获得视觉、听觉、触觉、动觉等多种感知，有利于增强学习者对学习内容的感知程度、认知程度、高感性和理性认识，从而使用户深化概念来萌发新的联想。因而可以说在某些方面，虚拟现实可以启发人们的创造性思维。

（四）多感知性

威特默和辛格将多感知性定义为在一个地方或环境中的主观体验，在虚拟现实中可以理解为融入虚拟环境场景中的体验，而不是实际的物理环境的体验。与传统体感游戏只要投入注意力就能获得现场情绪体验不同的是，在沉浸式虚拟现实系统下，必须有沉浸的前提、多感官维度的全包围体验，才能让参与者产生虚拟场景的临场感。

视觉、听觉、触觉都能使用户感觉到一些不同的情绪，增加临场感的体验。打造沉浸式虚拟世界，使其具有更好的沉浸感、交互性以及构想性需要刺激用户的五感，调动用户各方面的感官信息，让用户全方位、多感知沉浸在虚拟世界中，自然而然产生临场感，并最终占据虚拟世界的主动权。

多感知性是指除了一般计算机技术所具有的视觉感知之外，还有听觉感知、力觉感知、触觉感知、运动感知，甚至包括味觉感知、嗅觉感知等。理想的虚拟现实技术应该具有一切人类所具有的感知功能。由于相关技术，特别是传感技术的限制，目前，虚拟现实技术所具有的感知功能仅限于视觉、听觉、力觉、触觉、运动等几种。

 技能训练

完成以上步骤后，掌握虚拟现实的概念和特点完成，"掌握虚拟现实的概念和特点"技能训练表见表 1-1。

表 1-1 "掌握虚拟现实的概念和特点"技能训练表

学生姓名		学　号		所属班级	
课程名称			实训地点		
实训项目名称	掌握虚拟现实的概念和特点		实训时间		
实训目的： 掌握虚拟现实的概念和特点。					
实训要求： 1. 根据虚拟现实的概念和特点，完成虚拟现实相关知识填空。 2. 利用虚拟现实的概念和特点，进行知识拓展。 3. 将虚拟现实的概念和特点结合生活实际，完成虚拟现实概念和特点列举填空。					

续表

实训截图过程：			
实训体会与总结：			
成绩评定		指导老师 签名	

虚拟现实的基本特征

任务 1-2　掌握虚拟现实的分类

情境导入

刘老师带领同学们学习虚拟现实的特征之后，同学小唐问刘老师：虚拟现实有很多类型吗？刘老师回答：在我们本任务的课程中，将会针对虚拟现实的类型进行学习，我们需要知道的是虚拟现实技术将为我们带来不一样的观看感受，沉浸式交互、3D 环绕，让人分不清现实与虚拟。按照传统虚拟现实行业的发展和最新的流行趋势，我们可以把各种类型的虚拟现实技术划分为四类：桌面式虚拟现实、沉浸式虚拟现实、增强现实式虚拟现实和分布式虚拟现实。

任务目标

知识目标

1. 了解虚拟现实的分类。

2. 熟悉虚拟现实的分类方法。

3. 掌握虚拟现实分类的重要性。

技能目标

1. 理解虚拟现实分类方式的能力。

2. 了解不同分类方式的优劣的能力。

3. 具备在项目中应用适当分类的能力。

思政目标

1. 强调虚拟现实创造性的潜力，鼓励学习者利用技术推动社会进步和文化创新。

2. 传达虚拟现实设计和开发的社会责任感，强调技术人员对社会的影响。

3. 培养学习者的团队合作和沟通能力，使他们能够在多样化的项目中协作。

建议学时

1 学时。

相关知识

虚拟设计是通过虚拟现实技术将绘画、设计、影视和戏剧表演等众多艺术形式融入先进的外置设备中，使设计艺术更加具有视觉冲击力和交互性的。虚拟现实设计在艺术方面的创新应用，主要有 VR 影片、VR 游戏和 VR 展示，按制作方式可分为四种。①桌面式虚拟现实设计。优点：简单、效果好。②沉浸式虚拟现实设计。优点：具有良好的交互性和沉浸性。③增强现实式虚拟现实设计。优点：将虚拟和现实叠加，产生更强的真实感。④分布式虚拟现实设计。优点：多人共同体验一个虚拟世界。

一、桌面式虚拟现实

桌面式虚拟现实简称 PCVR 系统，又称非沉浸式虚拟现实、浏览式虚拟现实、窗口虚拟现实，是一套普通 PC（个人计算机）平台的小型桌面的虚拟现实系统。

桌面式虚拟现实，是将计算机的显示屏作为展示虚拟世界的窗口，桌面式虚拟现实一般会配合跟踪设备和输入设备使用，可以通过各种设备与屏幕中的虚拟世界进行交互，如利用虚拟鼠标对虚拟世界进行多角度的观察。在虚拟现实的软件的帮助下，还可以参与虚拟世界的构建设计，也可以用立体眼镜增加画面的立体效果，可以具有一定的视觉沉浸感，还可以加入专业的投影设备扩大观看的范围来提升视觉体验。桌面式虚拟现实因较低的成本，所以运用的范围比较广。

桌面式虚拟现实的特点：对硬件设备的要求不高，只需要计算机和鼠标，或者增加跟踪设备即可互动，人与虚拟现实世界隔着一个屏幕，即使戴上立体眼镜，也只能让画面稍微立体点，沉浸感非常低，但是具备虚拟现实的其他特征，能够进行简单的交互，并且能够多角度观察虚拟世界。

另外，还可以用立体眼镜来观看计算机屏幕中虚拟三维场景的立体效果，它所带来的立体视觉能使用户产生一定程度的沉浸感。有时为了增强桌面式虚拟现实系统的效果，还可以加入专业的投影设备，以达到增大屏幕观看范围的目的。但参与者缺少完全的沉浸感，仍然会受到周围现实环境的干扰。

从成本等角度考虑，采用桌面式虚拟现实技术往往被认为是从事虚拟现实研究工作的必经阶段。常见的桌面式虚拟现实系统工具有 QuickTime VR、VRML（虚拟现实建模语言）、Cult3D、Java 3D 等，主要用于 CAD（计算机辅助设计）、CAM（计算机辅助制造）、建筑设计、桌面游戏等领域。

二、沉浸式虚拟现实

沉浸式虚拟现实让人完全沉浸虚拟世界之中，通过头盔式显示器等感知设备，让人与真实世界完全隔离，让其感官置身于一个虚拟的环境之中，利用各种感知设备以及追踪设备等，营造出一种视觉上、听觉上乃至其他感官上的一种沉浸感，是现在比较理想的一种虚拟现实类型。

沉浸式虚拟现实的特点：沉浸感强烈，实时性强，与真实世界相隔离，人的感官与虚拟现实世界完全融合，体验的感觉也更加真实，但是需要特定的虚拟设备才能实现。沉浸式虚拟现实可以给参与者提供完全沉浸的体验，使用户有一种置身于虚拟世界之中的感觉。其明显的特点是：利用头显把用户的视觉、听觉封闭起来，产生虚拟视觉，同时利用数据手套把用户的手感通道封闭起来，产生虚拟触动感。

沉浸式虚拟现实系统采用语音识别器让参与者对系统主机下达操作命令，与此同时，头、手、眼均有相应的头部跟踪器、手部跟踪器、眼睛视向跟踪器的追踪，使系统达到尽可能高的实时性。

常见的沉浸式系统有基于头显的系统、投影式虚拟现实系统。虚拟现实影院就是一个完全的沉浸式虚拟现实系统。用几米高的 6 个平面组成的立方体屏幕环绕在观众周围，设置在立方体外围的 6 个投影设备共同投射在立方体的投射式平面上，就能让观众置身于立方体中并可同时观看由五六个平面组成的图像，完全沉浸在图像组成的空间中。

沉浸式虚拟现实可以使用户有很高的参与度，但因为场地、硬件或光影延时的限制，部分体验中会出现眩晕感，这也是虚拟现实技术未来要面对的挑战之一。

三、增强现实式虚拟现实

增强现实式虚拟现实简称增强现实（AR），与沉浸式虚拟现实完全相反，能够看到真实的世界，同时也能看到虚拟物体，将虚拟物体和真实的世界重合起来。因增强现实，一部分是真实的场景，所以可以减少对一些复杂场景的制作，直接借用真实的场景；又因为，另一部分是虚拟的场景，又可以对其进行交互操作，达到亦真亦幻的虚实结合。

增强现实式虚拟现实的特点：真实的世界和虚拟的世界融为一体，可在虚拟设备所展示的真实世界里添加虚拟物体，改变设备中展示的真实世界的情境，达到想要的效果。

增强现实式虚拟现实不仅是利用虚拟现实技术来模拟现实世界、仿真现实世界，而且要利用一些实物来增强参与者对真实环境的感受，也就是增强现实中无法感知或不方便的感受。这种系统在专业领域有个名词叫作半实物仿真，最早应用于军事领域，典型的实例是各种军事模拟器，它既有视觉上的带有很强沉浸感的投影或者头盔系统，也可以是安装很多真实的辅助设施。例如：飞机的真实仪表，真实操作台和座椅。

在此基础上，增强现实技术近年来也备受市场的欢迎。它是一种实时地计算摄影机影像的位置及角度并加上相应图像、视频、3D 模型的技术，这种技术的目标是在屏幕上把虚拟世界套在现实世界并进行互动。

四、分布式虚拟现实

分布式虚拟现实是将虚拟现实技术与网络技术结合起来的一类虚拟现实。通过网络的虚拟世界，将处在现实中不同地点的用户通过网络连接起来，在同一个虚拟环境中，共同经历虚拟的体验，每个用户在这个虚拟环境中都有个虚拟的形象代表，用户之间可以进行交互和沟通，或者共同完成系统指定的任务。之所以将虚拟世界进行分布式运行，是因为分布式计算机设备强大的计算性能，以及虚拟战争模拟和多人网络游戏等这类应用自身的分布式特征，是需要多人进行参与的。

分布式虚拟现实的特点：用户共享同一个虚拟现实环境，在虚拟世界里的时间等各个方面同步，用户可操作虚拟的代表形象与其他用户的代表形象进行实时互动并可以进行交流。

分布式虚拟现实旨在将上述虚拟系统和其他系统（可以包含真实系统，也可以包含半实物系统）组成一个严格的联网标准。简单地说，就是一个支持多人实时通过网络进行交互的软件系统，每个用户在一个虚拟现实环境中，通过计算机与其他用户进行交互，并共享信息，以达到协同工作的目的。

HLA（high level architecture，高级体系结构）是 1995 年美国国防部（DOD）发布的建模与仿真大纲中第一个目标开发建模和仿真通用技术框架中的首要内容，其主要目的是促进仿真应用的互操作性和仿真资源的可重用性。1996 年 10 月，DOD 正式规定 HLA 为 DOD 范围内仿真项目的标准技术框架，开始推行 HLA，并以之替代原有的 DIS（分布式交互仿真）、ALSP（聚合级仿真协议）等标准。同时提交 IEEE（电气与电子工程师协会），作为 IEEE 1516 发布。

目前最典型的分布式虚拟现实系统是 SIMNET，SIMNET 由坦克仿真器通过网络连接而成，用于联合训练。通过 SIMNET，位于德国的仿真器可以和位于美国的仿真器一样运行在同一个虚拟世界与同一场作战演习。

在现今的消费领域，当然不必像军事仿真那么严格，多人联网虚拟现实游戏就是一个小号的民用分布式虚拟现实模型。

 技能训练

完成以上步骤后，掌握虚拟现实的分类完成，"掌握虚拟现实的分类"技能训练表见表 1-2。

表 1-2 "掌握虚拟现实的分类"技能训练表

学生姓名		学　号		所属班级	
课程名称		实训地点			
实训项目名称	掌握虚拟现实的分类	实训时间			
实训目的： 掌握虚拟现实的分类。					
实训要求： 1. 根据虚拟现实的分类，完成虚拟现实分类相关知识填空。 2. 利用虚拟现实的分类，进行知识拓展。 3. 将虚拟现实的分类结合生活实际，完成虚拟现实的分类列举填空。					

续表

实训截图过程：			
实训体会与总结：			
成绩评定		指导老师 签名	

任务 1-3　理解虚拟现实技术的应用场景

 情境导入

　　刘老师带领同学们学习了虚拟现实的类型之后，同学小唐问刘老师：那虚拟现实都应用在哪些地方呢？刘老师回答：在我们本任务的课程中，将会针对虚拟现实的应用进行学习，我们需要知道的是虚拟现实技术早在 20 世纪 70 年代便开始用于培训宇航员，2008 年北京奥运会的数字图像和上海世博的在线世博都有虚拟现实的高度参与，由此可见虚拟现实技术已经不是存在实验室中的专业名词，它早已走下神坛出现在各个领域，如医学、娱乐、军事、航天、室内设计、房产开发、工业仿真、应急推演、文物古迹、游戏、道路桥梁、教育、轨道交通等。

 任务目标

知识目标

1. 了解虚拟现实应用领域。

2. 熟悉虚拟现实在各领域的创新案例。

3.掌握虚拟现实技术在教育领域创新方向。

技能目标

1.熟练分析虚拟现实应用场景。

2.能够分析虚拟现实解决方案的可行性。

3.具备提出创新虚拟现实应用场景的能力。

思政目标

1.传递学习者在虚拟现实设计中体现人性关怀和情感共鸣。

2.强调虚拟现实中的可访问性和包容性，设计应用以满足不同需求的用户。

3.传达虚拟现实中的社会公益价值，引导学习者参与虚拟现实技术的社会项目。

 建议学时

1 学时。

 相关知识

虚拟现实的应用场景非常广泛，具体将从娱乐影视、游戏、教育、培训、医疗、建筑房地产等诸多领域展开分析与学习。

一、娱乐影视领域

虚拟现实技术在娱乐领域中的应用非常广泛，虚拟现实电影和视频：通过虚拟现实头戴设备，可以让观众在虚拟现实环境中观看电影和视频。这种体验可以让观众感觉像是身临其境地参与到影片中。主题乐园：越来越多的主题乐园开始使用虚拟现实技术，为游客提供更加刺激和真实的娱乐体验。例如，游客可以通过虚拟现实技术参加虚拟的过山车、游乐场等娱乐设施。在本领域中，虚拟现实的应用将体现在以下方面。

（一）体验电影

虚拟现实技术与娱乐业紧密相关。早在 1962 年，美国电影摄影师莫顿·海里希（Morton Heilig）就已经开发出一种立体电影，其具有多种传感设备，并且拥有立体声功能。其座椅可以根据电影情节的需求自动摆动，无论是气味还是风的吹动，都可以切实感受到电影中的感官刺激。遗憾的是因为资金不足，这个项目没有被继续研发。但是在科技已经高速发展的今天，观众体验身临其境的电影已经不再是梦想，科幻神奇的经历都可以在虚拟现实中出现。

（二）虚拟角色

虚拟角色在影视中的应用主要是虚拟主持人和虚拟演员。技术人员可以根据影视具体需求设计一个高技能又不怕辛苦的主持人，也可以利用虚拟演员做一些高危险性的动作，或者利用虚拟现实技术缅怀已经过世的演员。

（三）虚拟演播室

虚拟演播室是虚拟现实技术与人类思维相结合在电视节目制作中的具体体现。虚拟演播室的主要优点是它能够更有效地表达新闻信息，增强信息的感染力和交互性。

传统演播室对节目制作的限制较多，虚拟演播室制作的布景是合乎比例的立体设计，当摄像机移动时，虚拟的布景与前景画面都会出现相应的变化，从而增加节目的真实感。用虚拟场景在很多方面成本效益显著。例如，它具有及时更换场景的能力，在演播室布景制作中节约经费。不必移动和保留景物，因此可减小对雇员的需求压力。对于单集片，虚拟制作不会表现出很大的经济效益，但在使用背景和摄像机位置不变的系列节目中可以节约大量的资金。

另外，虚拟演播室具有制作优势。当考虑节目格局时，制作人员的选择余地较大，不必过于受场景限制。对于同一节目，可以不用同一演播室，因为背景可以存入磁盘。它可以充分发挥创作人员的艺术创造力与想象力，利用现有的多种三维动画软件，创作出高质量的背景。

（四）虚拟现实技术

任何场景都可以通过虚拟现实技术展现出来，虚拟现实技术的优越性为工作人员提供了极大的便利，可避免提前摄录，再从大量素材中剪辑等烦琐程序。虚拟现实技术与艺术相互融合。例如，当在电影制作过程中需要很多名胜古迹的场景来当作背景以达到震撼的效果时，使用虚拟现实技术就可以轻松做到。

二、游戏领域

虚拟现实技术在游戏中的应用可以提供更加真实的游戏体验，让玩家沉浸在游戏中。例如，玩家可以在虚拟的环境中探索、战斗和解谜。结合 VR 技术和体感设备，可以让玩家通过身体动作控制游戏角色的行动。例如，可以通过手势控制射击游戏中的武器。这种技术可以让人们在不出门的情况下，获得真实的游戏体验。以下是一些虚拟现实技术在游戏中的应用。

（1）第一人称射击游戏。使用虚拟现实头戴设备，可以使玩家获得更加真实的射击体验。玩家可以通过头部和手部的运动控制游戏角色的视角与武器。

（2）冒险游戏。通过虚拟现实技术，可以让玩家身临其境地探索游戏场景。例如，可以探索虚拟世界的洞穴、森林和城市等地点。

（3）驾驶游戏。通过虚拟现实头戴设备和手柄控制器，可以让玩家更加真实地体验驾驶。例如，可以在虚拟的赛车场上驾驶赛车，或者在虚拟的城市中驾驶汽车。

（4）模拟游戏。虚拟现实技术可以使玩家更加真实地体验不同的模拟场景。例如，可以在虚拟现实中建造和管理城市、农场或者机场。

（5）多人游戏。通过虚拟现实技术，可以让多个玩家在虚拟世界中交互。例如，可以和其他玩家一起参加虚拟现实的团队游戏。

虚拟现实技术在游戏模拟方面展现出它的优势，玩家通过一系列的可穿戴设备，与游戏中的角色合二为一，可以模拟任何世界上客观存在的物质，也可以模拟人脑中抽象出来的精神世界，更加真实地体验到自己就是游戏中的角色。虚拟现实技术在 3D 游戏中的应用完全地将真实模拟现实的人类映射在游戏中，在游戏中把虚拟现实技术的真实性、互动性、沉浸性和构想性表现得淋漓尽致。

虚拟现实技术可以提供更加真实和刺激的娱乐体验，让人们从日常生活中得到放松和娱乐。随着虚拟现实技术的不断发展，我们可以期待更多新的虚拟现实娱乐应用的出现，也是虚拟现实技术赋予游戏的独特魅力。

三、教育领域

虚拟现实技术是一种可以让人们沉浸到虚拟环境中的技术。在教育领域，VR 可以提供许多优势。它营造了"自主学习"的环境，由传统"以教促学"的学习方式改为学习者通过自身与信息环境的相互作用来得到知识、技能的新型学习方式。

（一）科技研究

虚拟现实技术可以提供身临其境的模拟体验，让学生可以在安全的环境中模拟实际场景。例如，模拟实验、危险情况或者历史事件等。当前许多高校都在积极研究虚拟现实技术及其应用，并相继建起了虚拟现实与系统仿真的研究室，将科研成果迅速转化为实用技术。有的研究室甚至已经具备独立承接大型虚拟现实项目的实力。虚拟学习环境和虚拟现实技术能够为学生提供生动、逼真的学习环境，如建造人体模型、电脑太空旅行、化合物分子结构显示等，在广泛的科技领域提供无限的虚拟体验，从而加速和巩固学生学习知识的过程。亲身去经历和感受比空洞、抽象的说教更具说服力，主动地去交互与被动地灌输有本质的差别。虚拟实验利用虚拟现实技术可以建立各种虚拟实验室，如地理实验室、物理实验室、化学实验室、生物实验室等，拥有传统实验室难以比拟的优势。

（1）节省成本。通常由于设备、场地、经费等硬件的限制，许多实验都无法进行，而利用虚拟现实系统，学生足不出户便可以做各种实验，获得与真实实验一样的体会。在保证教学效果的前提下，极大地节省了成本。

（2）规避风险。真实实验或操作往往会带来各种危险，利用虚拟现实技术进行虚拟实验，学生在虚拟实验环境中可以放心地去做各种危险的实验。例如：虚拟的飞机驾驶教学系统，可免除学员操作失误而造成飞机坠毁的严重事故。

（3）打破空间与时间的限制。利用虚拟现实技术，可以彻底打破时间与空间的限制。大到宇宙天体，小至原子粒子，学生都可以进入这些物体的内部进行观察。一些需要几十年甚至上百年才能观察的变化过程，通过虚拟现实技术，可以在很短的时间内呈现出来。例如，生物中的孟德尔遗传定律，用果蝇做实验往往要几个月的时间，而虚拟技术在一堂课内就可以实现。

（二）虚拟实训基地

通过使用虚拟现实技术，教师可以将抽象概念可视化。例如，通过建立一个具有三维空间的环境，帮助学生更好地理解一些复杂的科学概念。VR 还可以提供交互性，让学生更好地参与到学习过程中。利用虚拟现实技术建立起来的虚拟实训基地，其"设备"与"部件"多是虚拟的，可以根据需求随时生成新的设备。教学内容可以不断更新，使实践训练及时跟上技术的发展。同时，虚拟现实的沉浸感和交互性，使学生能够在虚拟的学习环境中扮演多个角色，全身心地投入学习环境中去，这非常有利于学生的技能训练。例如军事作战、外科手术、教学、体育、汽车驾驶、电器维修等各种职业技能的训练，由于虚拟的训练系统无任何危险，学生可以不厌其烦地反复练习，直至掌握操作技能。例如，在虚拟的飞机驾驶训练系统中，学员可以反复操作控制设备，学习在各种天气情况下驾驶飞机起飞、降落，达到熟练掌握驾驶技术的目的。

（三）虚拟仿真校园

使用虚拟现实技术可以提升学生对学习的兴趣和参与度，让学生更加主动地参与到学习过程中，教师可以提供更加丰富、多样化的学习体验。教育部在一系列相关的文件中，多次涉及虚拟校园，阐明了虚拟校园的地位和作用。虚拟校园也是虚拟现实技术在教育培训中最早的具体应用，它由浅至深有两个应用层面，分别适应学校不同程度的需求：简单的虚拟校园环境供游客浏览教学、教务、校园生活；功能相对完善的三维可视化虚拟校园以学员为中心，加入一系列人性化的功能，以虚拟现实技术作为远程教育基础平台，可为高校扩大招生后设置的分校和远程教育教学点提供可移动的电子教学场所，通过交互式远程教学的课程目录和网站，由局域网工具作为校园网站的链接，可为各个终端提供开放性、远距离的持续教育，还可为社会提供新技术和高等职业培训的机会，创造更大的经济效益与社会效益。

随着虚拟现实技术的不断发展和完善，以及硬件设备价格的不断降低，我们相信，VR 技术在教育中的应用为学生提供了更加丰富、多样化和身临其境的学习体验，为教育带来了更加广阔的发展空间。

四、培训领域

虚拟现实技术在培训领域中的应用也非常广泛，航空航天作为一个耗资巨大、变量参数多、系统复杂的工程，保证其设备的安全、可靠是必须考虑的因素。虚拟现实技术的出现，为航空航天领域提供了广阔的应用前景。

（一）飞机设计

在飞机设计过程中，应用 VR 技术提前开展性能仿真演示、人机工效分析、总体布置、装配与维修性评估，能够及早发现、弥补设计缺陷，实现"设计—分析—改进"的闭环迭代，达到缩短开发周期、提高设计质量，最终降低成本的目的。

（二）虚拟演练—飞行驾驶虚拟实训

VR 技术可以提供沉浸式的虚拟环境，让培训参与者可以进行虚拟演练。例如，在紧急情况下的反应、设备操作或危险场景中的应对等。根据实际场景，建立逼真的虚拟场景维模型，实现对虚拟场景的实时驱动，进行飞机飞行员的驾驶实训，增强飞行员的操作技能，加大飞行安全砝码，为航空业飞行安全提供有力保障。

（三）空间感知培训—空乘服务虚拟实训

VR 技术可以为参与者提供更加直观、立体的空间感知，模拟客舱场景及设备，让空乘人员熟悉客舱服务流程与要求，掌握客舱设备的构造、操作方法与服务等基本技能，了解客舱服务操作规程，缩短训练周期，提高训练效益。

（四）学习游戏化—航天器飞行模拟

通过将学习内容转化成虚拟现实游戏的形式，可以让参与者更加主动地参与到学习中，同时也可以提升其学习的趣味性和吸引力，解决了飞机维修训练方法较少的问题，有效提高了训练效率和训练质量，避免各种飞机实装训练的不安全因素，降低训练费用。同时能对卫星、火箭等航天器的工作原理、工作状态进行 3D 模拟展示，将复杂的运行原理用三维可视化的形式逼真、形象地展现出来。

（五）虚拟会议和合作—航天仿真研究

虚拟现实技术可以让参与者在虚拟环境中参加会议、讨论和合作，无论参与者身处何地，都可以进行沉浸式的合作和交流。开展对过程中的航天活动具体数据进行逼真的模拟和分析与研讨，推动我国航天事业的发展。

虚拟现实技术在培训领域中的应用可以提供更加丰富、多样化和沉浸式的学习体验，同时也可以提升参与者的参与度和学习效果。虚拟现实技术的应用前景非常广阔，将为培训领域带来更多的发展机遇。

五、医疗领域

虚拟现实技术在医学领域的应用具有十分重要的现实意义。

（1）训练医生和护士。虚拟现实技术可用于模拟各种疾病和情况，以帮助医生和护士获得更多的实践经验。它可以让医学生在没有实际病人的情况下进行手术或其他过程的模拟，从而提高其技能和信心。

（2）疼痛管理。虚拟现实技术可以用于帮助病人减轻疼痛。例如，病人可以戴上VR头盔并被带入一个安静、和平的虚拟环境中，从而减轻他们的疼痛和焦虑感。

（3）康复治疗。虚拟现实技术可以用于帮助病人进行康复治疗。例如，它可以用于物理治疗，恢复手臂或腿部的功能等。虚拟现实技术还可以提供一个安全的环境，让病人在不受伤害的情况下进行一些复杂的动作或活动。

（4）心理治疗。虚拟现实技术可以用于治疗心理疾病，如恐惧症或创伤后应激障碍。通过虚拟现实技术，病人可以被暴露在类似于他们所害怕的场景中，从而逐渐减轻他们的恐惧或焦虑感。

（5）医疗设备的设计和测试。虚拟现实技术可以用于设计和测试医疗设备，如手术机器人或药物输送系统。这些设备可以在虚拟环境中进行测试，从而提高其效率和安全性。

在医学院校中，学生在虚拟实验室运用虚拟现实技术后，由于不受标本、场地等限制，培训费用大大降低。一些用于医学培训、实习和研究的虚拟现实系统，仿真程度非常高，其优越性和效果是不可估量与比拟的。例如，导管插入动脉的模拟器，可以使学生反复实践导管插入动脉时的操作；眼睛手术模拟器，根据人眼的前眼结构创造出三维立体图像，并带有实时的触觉反馈，学生利用它可以观察模拟移去晶状体的全过程，并观察到眼睛前部结构的血管、虹膜和巩膜组织及角膜的透明度等。此外，还有麻醉虚拟现实系统、口腔手术模拟器等。

外科医生在做手术之前，通过虚拟现实技术的帮助，能在显示器上重复模拟手术，移动人体内的器官，寻找最佳手术方案并提高熟练度。在远距离遥控外科手术、复杂手术的计划安排、手术过程的信息指导、手术后果预测，以及改善残疾人生活状况乃至新药研制等方面，虚拟现实技术都能发挥十分重要的作用。这样可以帮助医生和护士提高技能、帮助病人减轻疼痛和焦虑、促进病人康复和治疗心理疾病，并提高医疗设备的效率和安全性。

六、建筑房地产领域

虚拟现实技术在建筑房地产领域中的应用也越来越普遍，城市规划一直是对全新的可视化技术需求最为迫切的领域之一，虚拟现实技术可以广泛应用在城市规划的各个方面，并带来切实且可观的利益。虚拟现实技术在道路桥梁应用现状、高速公路与桥梁建设中也得到了应用。由于道路桥梁需要同时处理大量的三维模型与纹理数据，这需要很高的计算机性能作为后台支持，但随着近些年来计算机软硬件技术的提高，一些原有的技术瓶颈得到了解决，虚拟现实的应用得到了前所未有的发展，主要体现在以下几方面。

（1）房屋设计和展示。虚拟现实技术可以用于帮助房屋设计师和开发商展示其设计概念。通过虚拟现实技术，客户可以在一个虚拟环境中实际浏览和体验未来的房屋或建筑。他们可以移动、旋转和缩放模型，并在空间中进行真实感的探索，从而更好地理解设计方案。

（2）建筑物施工和管理。虚拟现实技术可以用于建筑物施工和管理。例如，它可以用于模拟建筑物的施工流程，让工人可以在虚拟环境中进行培训和练习。此外，虚拟现实技术还可以用于协调建筑项目中的不同部分和团队，从而提高工作效率和减少错误。

（3）房屋销售和营销。虚拟现实技术可以用于房屋销售和营销。通过虚拟现实技术，潜在买家可以在虚拟环境中浏览房屋，并得到更真实的体验。他们可以在虚拟环境中走动和探索，感受到房屋内外的氛围和空间，从而更好地理解房屋的特点和优势。

（4）建筑物维护和保养。虚拟现实技术可以用于建筑物的维护和保养。例如，它可以用于模拟建筑物的维护过程，让工人在虚拟环境中进行培训和练习。此外，虚拟现实技术还可以用于监测和检查建筑物的状态与问题，从而及时解决问题并减少维护成本。

虚拟现实技术在建筑房地产领域中的应用非常广泛，可以帮助设计师和开发商展示与沟通设计概念、提高施工和管理效率、提升销售和营销体验以及简化建筑物维护和保养过程。

 技能训练

完成以上步骤后，理解虚拟现实技术的应用场景完成，"理解虚拟现实技术的应用场景"技能训练表见表 1-3。

表 1-3 "理解虚拟现实技术的应用场景"技能训练表

学生姓名		学　号		所属班级	
课程名称			实训地点		
实训项目名称	理解虚拟现实技术的应用场景		实训时间		
实训目的： 理解虚拟现实技术的应用场景。					

续表

实训要求： 1.根据虚拟现实技术的应用场景，完成虚拟现实技术应用场景相关知识的填空。 2.利用虚拟现实技术的应用场景，进行知识拓展。 3.将虚拟现实技术的应用场景结合生活实际，完成虚拟现实技术的应用场景的填空。		
实训截图过程：		
实训体会与总结：		
成绩评定		指导老师 签名	

虚拟现实的应用领域

任务 1-4 梳理虚拟现实的发展历史

 情境导入

　　刘老师带领同学们学习了虚拟现实技术的应用领域之后，同学小唐问刘老师：那虚拟现实技术已经被应用多久了呢？刘老师回答：对于一个国家来说，历史是经验、教训、借鉴，是过去的沉淀，是未来的导向；对于一个人来说，历史是最好的老师，古今中外，它都能教人们融会贯通、惩前毖后，它是学习的源泉，是进步的信心；对于一项技术来说，历史能够使我们明确发展的意义，使我们精进革新这项技术。在我们本任务的课程中，将会针对虚拟现实的历史进行学习，我们需要知道的是虚拟现实技术演变的发展史大体上可以分为四个阶段。

 任务目标

知识目标

1. 了解虚拟现实的初期发展。

2. 熟悉虚拟现实的演进和商业应用。

3. 掌握虚拟现实的现代发展和未来趋势。

技能目标

1. 能够分析虚拟现实技术的关键创新。

2. 能够预测虚拟现实技术的发展趋势。

3. 具备参与虚拟现实领域讨论和研究的能力。

思政目标

1. 引导学习者思考虚拟现实的可持续性和环境影响，鼓励绿色虚拟现实开发。

2. 强调虚拟现实创造性的潜力，鼓励学习者利用技术推动社会进步和文化创新。

3. 传达虚拟现实设计和开发的社会责任感，强调技术人员对社会的影响。

 建议学时

1 学时。

 相关知识

梳理虚拟现实的发展历史，其可以分为四个阶段：1963 年前，蕴含虚拟现实思想的阶段为第一阶段；1963 年到 1972 年，虚拟现实萌芽和诞生阶段为第二阶段；1973 年到 1989 年，虚拟现实初步发展阶段为第三阶段；1990 年至今，虚拟现实的完善和应用的阶段为第四阶段。

一、第一阶段：蕴含虚拟现实思想的阶段

在这一阶段，人们对于自然界环境的声音、形态、动态的模拟，可以说是虚拟现实的前身，其与仿真技术的发展一脉相连。追溯到中国战国时期，中国古人就模拟飞行动物发明了有声风筝，人们放飞风筝时，风筝似飞行动物飞行于空中，并发出悦耳

的筝鸣，而风筝模拟飞行动物的声、形、动的技术以及与人的互动，便是仿真技术的应用。后来风筝被传至西方，被它们称为"飞行器"，之后被作为参考，创造出飞机。

1929 年，艾德温·A. 林克（Edwin A. Link）发明了一种飞行模拟器，让人像坐在真实的飞机里一样。20 世纪 30 年代，斯坦利·G. 温鲍姆（Stanley G. Weinbaum）在科幻小说《皮格马利翁的眼镜》（*Pygmalion's Spectacles*）中首次提到了虚拟现实，这被认为是探讨虚拟现实的第一部科幻作品。简短的故事中详细地描述了佩戴者可以通过嗅觉、触觉和全息护目镜来体验一个虚构的世界。事后看来，当时温鲍姆对那些佩戴护目镜的人经历的描述，与如今体验虚拟现实的人们的体验惊人地相似，这使他成为这个领域真正的远见者，VR 大幕就此拉开。1956 年，美国电影摄影师海里希发明了 Sensorama，一种摩托车仿真器，具有三维视觉与立体声的功能并能模拟振动与风吹感；1962 年，他又研制 Sensorama 的立体电影系统并申请了"全传感仿真器"的专利。这些发明具备了虚拟现实的思想，推动了虚拟现实的萌芽。

二、第二阶段：虚拟现实萌芽和诞生阶段

这一阶段是虚拟现实的萌芽与诞生的时期，也是探索虚拟现实技术的时期，为虚拟现实技术的概念和理论的成形打下了基础。1961 年，飞歌（Philco）公司的工程师查尔斯·科莫（Charles Comeau）和詹姆斯·布莱恩（James Bryan）开发了第一个 HMD 的前驱物——Headsight。它包括视频屏幕和磁力运动跟踪系统，能够连接到闭路电视摄像机。由于画面可以随着头部移动而变化，所以带来更加自然和真实的体验，即使它还没有计算机集成或生成图像，但这对 VR 来说也是一个巨大的进步。

1965 年，"计算机图形学之父"和"虚拟现实之父"伊凡·苏泽兰（Ivan Sutherland）通过将头显连接到计算机并实时进行模拟以实现真实的交互，将 VR 提升到了一个新的水平。他发表了一篇题为《终极的显示》（*The Ultimate Display*）的论文，第一次把计算机屏幕作为虚拟设计的浏览窗口，计算机系统能够使该窗口中的景象、声音、事件和行为非常逼真。

"终极的显示必将是这样，在一个房间内，由电脑可以控制一切存在的物体。人能够坐在房间中显示的椅子上，手能被显示的手铐控制住，而且房间内的人们有可能被突如其来的虚拟子弹击中而致命。通过适当的编程，如此的显示器可以营造出真正的爱丽丝走进的仙境。"苏泽兰试图将自己这种幻想以设备的形式制造出来，1968 年，苏泽兰和他的学生创建了第一款连接到计算机而不是相机的 VR/AR 头戴式显示器，被称为"达摩克利斯之剑"。名字由来是这个设备太过笨重，为了保证用户安全舒适佩戴，苏泽兰将它和天花板相连，并用一根杆吊在人的脑袋上方。而且计算机生成的图形是非常原始的线框房间和对象。

三、第三阶段：虚拟现实初步发展阶段

该阶段，虚拟现实这一概念产生，相关理论开始形成。迈伦·克鲁格（Myron Krueger）是美国计算机艺术家、互动艺术家。1969 年在威斯康星大学攻读博士学位期间，他从事了许多计算机互动的工作，其中包括光线跟踪。光线跟踪作为早期虚拟现实环境原型，是一个由计算机控制，以人响应作为输入的环境。他也是虚拟现实和增强现实领域的早期阶段或第一代研究员之一。

在这个时期，虚拟现实在军事与航天领域也有了一定的成就，推动了虚拟现实的发展。20 世纪 70—80 年代初期，美国进行了"飞行头盔"以及军事仿真器的研究。1983 年，美国 DARPA（美国国防部先进研究项目局）和美国陆军一起开发了虚拟战场系统 SIMNET，用于坦克编队作战训练。1984 年，NASA（美国宇航局）成功研制 VIVED 系统，该系统已初步具备现代虚拟现实系统的样子。1985 年，克鲁格创建了第一个可以让用户与虚拟物体进行交互的 VIDEOPLACE 系统，它是从 Glowflow（光线跟踪）、Metaplay 到物理空间开始的各种系统改进的结果。

1987 年，被业界称为"虚拟现实之父"的美国 VPL 公司创建人杰伦·拉尼尔（Jaron Lanier）提出了 VR 概念。VPL 公司研发出了一系列虚拟现实设备，包括头戴式显示器和手套。

四、第四阶段：虚拟现实的完善和应用的阶段

这一阶段，对于虚拟现实的探索跌宕起伏。计算机显卡的产生和改进，计算机图形技术、游戏引擎和虚拟现实平台软件的开发以及虚拟现实硬件设备的陆续研发，推动虚拟现实的进步，虚拟现实技术得以逐渐完善，并被广泛应用，为大众所熟知运用。于 1991 年发布的名为 Virtuality 的产品是 20 世纪 90 年代具有影响力的 VR 设备，是消费级 VR 的重大飞跃。它使用头显来播放视频和音频，用户可以通过移动和使用 3D 操纵杆进行虚拟现实交互。该系统使用 Amiga 3000 计算机来处理大多数游戏的运算，然而最终却败给了 60 000 美元（折合人民币 36 万元左右）的成本。

1994 年，日本游戏公司世嘉（Sega）和任天堂分别针对游戏产业而推出 Sega VR-1 和 Virtual Boy，但是由于设备成本高等问题，以至于最后 VR 的这次现身如昙花一现。被时代周刊评为"史上最差的 50 个发明之一"的任天堂主机 Virtual Boy 仅仅在市场上生存了 6 个月就销声匿迹。

在 21 世纪的第一个 10 年里，手机和智能手机迎来爆发，虚拟现实仿佛被人遗忘。尽管在市场尝试上不太乐观，但人们从未停止在 VR 领域的研究和开拓。索尼在这段时间推出了 3 千克重的头盔，Sensics 公司也推出了高分辨率、超宽视野的显示设备，还有其他公司也在连续性推出各类产品。

2012 年，Oculus 公司用众筹的方式将 VR 设备的价格涨至 300 美元（约合人民币

1 900 元），索尼头戴式显示器 HMZ-T3 高达 6 000 美元左右，这使得 VR 向大众视野走近了一步。2014 年，Google 发布了 Google Cardboard，三星发布 Gear VR，2016 年苹果发布了名为 View-Master 的 VR 头盔，售价为 29.95 美元（约合人民币 197 元）。

另外，HTC 的 HTC Vive、索尼的 PlayStation VR 也相继出现。在这一阶段虚拟现实技术从研究型转向应用型，广泛运用到了科研、航空、医学、军事等领域。目前，国内的 VR 市场也是如火如荼，普通民众也都能在各种 VR 线下体验店感受 VR 带给我们的惊艳与刺激。

 技能训练

完成以上步骤后，梳理虚拟现实的发展历史完成，"梳理虚拟现实的发展历史"技能训练表见表 1-4。

表 1-4 "梳理虚拟现实的发展历史"技能训练表

学生姓名		学　号		所属班级	
课程名称			实训地点		
实训项目名称	梳理虚拟现实的发展历史		实训时间		
实训目的： 梳理虚拟现实的发展历史。					
实训要求： 1. 根据虚拟现实的发展历史，完成虚拟现实发展历史相关知识填空。 2. 利用虚拟现实的发展历史，进行知识拓展。 3. 将虚拟现实的发展历史结合生活实际，完成虚拟现实的发展历史的填空。					
实训截图过程：					
实训体会与总结：					
成绩评定			指导老师 签名		

任务 1-5　展望虚拟现实的未来

 情境导入

　　刘老师带领同学们学习了虚拟现实的历史之后，同学小唐问刘老师：那虚拟现实未来会怎样发展呢？刘老师回答：在我们本任务的课程中，将会针对虚拟现实的未来展望进行学习，我们需要知道的是随着计算机技术的飞速发展，虚拟现实也在短时间内经历了从萌芽探索到飞速发展完善的转变。由于其独特的沉浸式体验，虚拟现实的前景被大多数人看好，更多的 VR 相关技术也在为让人能更完美地融合到这个虚拟的世界做出努力，当然与此同时也有少部分人指出当前 VR 的发展还远远没有达到我们认识的水平，它依然摆脱不了诸多的限制。但不论如何，它还是在不断向前发展，并且不断带给我们惊艳与刺激。

 任务目标

知识目标

1. 了解虚拟现实技术的最新发展趋势和应用领域。

2. 掌握虚拟现实系统的构成和工作原理。

3. 掌握虚拟现实的未来展望。

技能目标

1. 具备设计和开发虚拟现实应用的能力。

2. 能够熟练运用虚拟现实相关工具和软件。

3. 深化学生对虚拟现实的未来展望的了解。

思政目标

1. 树立正确的价值观，弘扬工匠精神。

2. 传承中国传统文化，增强文化自信。

3. 培养团队协作精神，提升职业素养。

 建议学时

1 学时。

 相关知识

虚拟现实是一种新兴的技术，已经开始影响各种领域。未来几年，随着技术的不断发展和应用的不断扩展，VR 将会带来更多的创新和变革。

一、更普及的 VR 硬件

VR 硬件将变得更加普及和实用。随着技术的进步和成本的下降，VR 头戴式设备将变得更加轻便、舒适和易于使用。虚拟环境的建立是 VR 技术的核心内容，建模是一个比较繁复的过程，需要大量的时间和精力。动态环境建模技术的目的是获取实际环境的三维数据，并根据需要建立相应的虚拟环境模型。前期建模工作量的减少和将模型的精美度进一步提升都将对虚拟现实技术起到重要的作用。

二、更加全面的 VR 体验

三维图形的生成技术已比较成熟，而关键是怎样"实时生成"，在不降低图形的质量和复杂程度的基础上，如何提高刷新频率将是今后重要的研究内容。此外，VR 还依赖于立体显示和传感器技术的发展，现有的虚拟设备还不能满足系统的需要，有必要开发新的三维图形生成和显示技术。VR 将变得更加全面和多样化。人们将能够使用 VR 技术来进行更加逼真的交互和体验，如触摸、味觉、嗅觉等。

三、更加社交化的 VR 展望

VR 将变得更加社交化。人们将能够使用 VR 技术来进行更加真实的社交体验，如虚拟会议、虚拟聚会等。分布式虚拟现实是今后虚拟现实技术发展的重要方向。随着众多 DVE（分布式虚拟环境）开发工具及其系统的出现，DVE 本身的应用也渗透到各行各业，包括医疗、工程、训练与教学以及协同设计。仿真训练和教学训练是 DVE 的又一个重要应用领域，包括虚拟战场、辅助教学等。另外，研究人员还用 DVE 系统来支持协同设计工作。

近年来，随着互联网应用的普及，一些面向互联网的 DVE 应用使位于世界各地的多个用户可以进行协同工作。其将分散的虚拟现实系统或仿真器通过网络联结起来，采用协调式的结构、标准、协议和数据库，形成一个在时间和空间上互相耦合的虚拟合成环境，参与者可自由地进行交互。特别是在航空航天中其应用价值极为明显，因为国际空间站的参与国分布在世界不同区域，分布式 VR 训练环境不需要在各国重建仿真系统，这样不仅减少了研制费和设备费用，也减少了人员出差的费用以及异地生活的不适。

技能训练

　　完成以上步骤后，展望虚拟现实的未来完成，"展望虚拟现实的未来"技能训练表见表 1-5。

表 1-5　"展望虚拟现实的未来"技能训练表

学生姓名		学　号		所属班级	
课程名称			实训地点		
实训项目名称	展望虚拟现实的未来		实训时间		
实训目的： 展望虚拟现实的未来。					
实训要求： 1.根据虚拟现实的未来展望，完成虚拟现实未来展望相关知识填空。 2.利用虚拟现实的未来展望，进行知识拓展。 3.将虚拟现实的未来展望结合生活实际，完成虚拟现实的未来展望的填空。					
实训截图过程：					
实训体会与总结：					
成绩评定			指导老师 签名		

项目 2
机器人结构交互设计

机器人结构设计可以在虚拟环境中进行实验和测试，节省了大量的时间和成本。帮助设计师预测机器人结构在不同环境下的表现，提前发现潜在问题，减少设计风险。通过实现精确的结构模拟和测试，从而提高设计精度和可靠性，同时实现机器人结构的实时交互和测试，使设计师能够更加直观地感受和调整机器人的性能和外观（图 2-1）。

图 2-1 机器人虚拟交互模拟

项目提要

我们在这一项目将会了解并学习到有关模型整理导出、Unity 安装及项目创建、Unity 模型导入及材质贴图设计、材质贴图及灯光摄像机背景设置、模型导入细节、预制作、创建平面、Unity 编程环节、Unity 编程循环按钮的内容。

项目思维导图

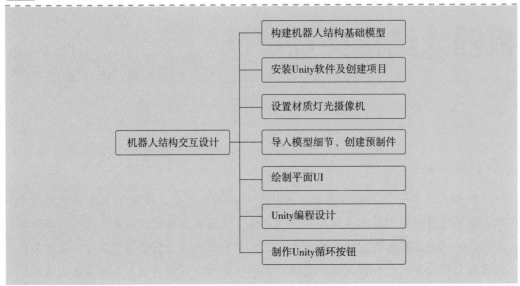

建议学时

7 学时。

任务 2-1　构建机器人结构基础模型

情境导入

刘老师带领同学们收看了新一代构建机器人结构基础模型的视频，自由跳动的机器人深深地吸引了同学们的注意力。同学小唐问刘老师：这么神奇的机器人，我们能不能利用软件，进行模拟制作呢？刘老师回答：在我们本任务的课程中，将会针对构建机器人结构基础模型进行学习，到时每位同学都可以制作出会跳舞的机器人，你肯定会掌握构建机器人结构基础模型的技术的。

任务目标

知识目标

1. 了解构建机器人结构基础模型的基本流程。

2. 熟悉构建机器人结构基础模型的基本技巧。

3. 掌握构建机器人结构基础模型的方法。

技能目标

1. 提升学生对构建机器人结构基础模型的软件应用能力。

2. 提高学生独立思考的能力。

3. 深化学生软件设计的能力。

思政目标

1. 增强学生的国家意识，培养学生担当民族复兴大任的意识和能力。

2. 提高学生的文化和审美素养，培养具有人文和创新精神的人才。

3. 培养学生的创新意识和实践能力，促进学生的综合素质提高。

 建议学时

1 学时。

 相关知识

使用 3ds MAX 软件完成对模型命名、分组和导出，在 3ds MAX 中选择要命名的模型或组进行命名，选择要分组的模型和组，然后使用"组合"命令将它们组合在一起，也可以使用"分离"命令将已经组合的模型和组分离开来。对于导出模型或组，选择要导出的选项，如纹理、材质等，最后选择导出的文件路径和文件名进行操作。

 操作步骤

步骤 1：观察机器人模型并对各部分零件进行重命名，如图 2-2 所示。

步骤 2：选中所有右方状态栏中的对象进行建组，如图 2-3 所示。

提示：将所有对象统一编入一个组，便于后续操作整体移动模型。

图　2-2

步骤 3：按 W 键激活移动，如图 2-4 所示。

提示：激活移动的方法是单击界面上方工具栏中的"移动"按钮。

步骤 4：修改模型初始坐标为（0，0，0），如图 2-5 所示。

步骤 5：检查 3ds MAX 单位设置：调整公制为"米"，系统单位设置为"厘米"，主栅格中栅格间距为"1.0m"，如图 2-6 所示。

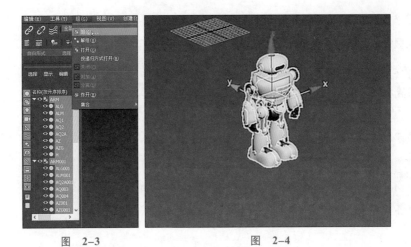

图 2-3   图 2-4

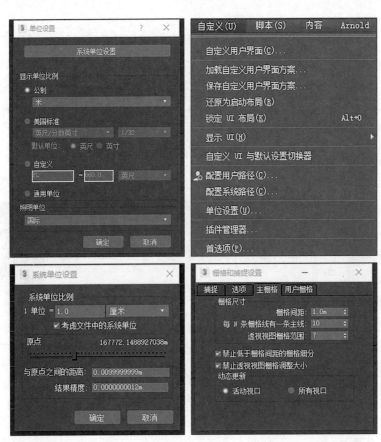

图 2-5

图 2-6

步骤 6：新建 1×1×1 的方块并将其坐标修改为（0，0，0），如图 2-7 所示。

步骤 7：将机器人模型与方块居中对齐。

提示：Alt+A 组合键是"对齐"的快捷键。对齐时需勾选"Z 位置"与当前对象 / 目标对象"最小"，然后单击"确定"按钮，如图 2-8 所示。

步骤 8：解开步骤 2 中所整合的"组"，如图 2-9 所示。

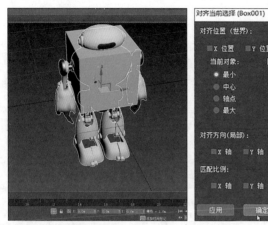

图 2-7   图 2-8   图 2-9

提示：组间存在层级数关系。

步骤 9：新建几何图形估算模型尺寸，如图 2-10 所示。

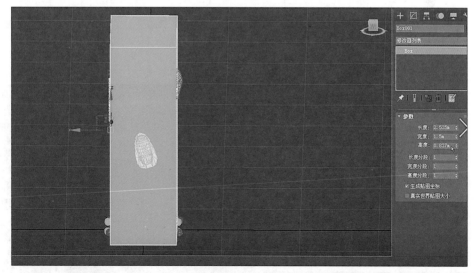

图 2-10

提示："Number1"是进入编辑界面键。

步骤 10：单击视图框左上角"平面颜色＋边面"，将界面显示修改为"默认明暗处理"，如图 2-11 所示。

步骤 11：进入透视图并框选整个机器人模型，如图 2-12 所示。

提示：F4 键是取消网格显示的快捷键，P 键是进入透视图的快捷键。

步骤 12：在菜单栏中，单击"文件"→"导出"→"导出选定对象"，如图 2-13 所示。

图　2-11

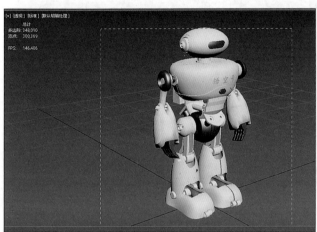

图　2-12

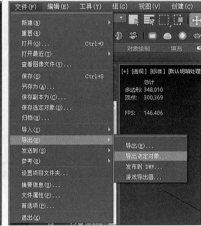

图　2-13

步骤 13：导出至选定位置并进行文件重命名，如图 2-14 所示。

提示：导出时必须勾选"嵌入的媒体"，如图 2-15 所示。

图　2-14

图　2-15

技能训练

完成以上步骤后，构建机器人结构基础模型完成，"构建机器人结构基础模型"技能训练表见表 2-1。

表 2-1 "构建机器人结构基础模型"技能训练表

学生姓名		学　号		所属班级	
课程名称			实训地点		
实训项目名称	构建机器人结构基础模型		实训时间		
实训目的： 掌握构建机器人结构基础模型的方法和技巧。					
实训要求： 1. 根据步骤，完成构建机器人结构基础模型。 2. 利用学习的知识，熟悉机器人结构与组件。 3. 培养团队协作与问题解决能力。					
实训截图过程：					
实训体会与总结：					
成绩评定			指导老师 签名		

构建机器人结构
基础模型

任务 2-2　安装 Unity 软件及创建项目

 情境导入

　　刘老师带领同学们学习了模型的整理和导出步骤之后，深深地吸引了同学们的注意力。同学小唐问刘老师：将模型整理导出之后，我们该如何处理模型才能让它成为跳舞机器人呢？刘老师回答：在我们本任务的课程中，将会针对跳舞机器人制作的软件进行学习，到时每个同学都可以通过这些软件制作出会跳舞的机器人，放心，你肯定会掌握跳舞机器人制作软件的应用的。

 任务目标

知识目标

1. 了解 Unity 安装及项目创建的基本流程。

2. 熟悉 Unity 安装及项目创建的基本技巧。

3. 掌握 Unity 安装及项目创建的方法。

技能目标

1. 提升学生对相关制作设备的应用能力。

2. 提高学生独立思考的能力。

3. 深化学生动手实践的能力。

思政目标

1. 树立正确的价值观，弘扬工匠精神。

2. 传承中国传统文化，增强文化自信。

3. 培养团队协作精神，提升职业素养。

 建议学时

1 学时。

 相关知识

　　安装 Unity 软件及创建项目的操作系统要求：Unity 支持 Windows 和 macOS 操作系统。在安装 Unity 之前，确保计算机满足 Unity 的最低操作系统要求。

下载 Unity 安装程序：从 Unity 官方网站下载 Unity 安装程序，该程序可以自动下载并安装所需的组件和依赖项。

安装程序：下载完成后，双击 Unity 安装程序，按照提示进行安装。可以选择安装 Unity 编辑器、Unity Hub 以及其他 Unity 相关工具和插件。

安装选项：在安装过程中，可以选择安装不同版本的 Unity 编辑器，包括主要版本、补丁版本和个人版。还可以选择安装额外的组件和模块，如特定平台的开发工具和插件。

许可证：在安装过程中，需要选择 Unity 的许可证类型。Unity 提供个人版、专业版和企业版许可证，可以根据自己的需求进行选择。

安装路径：在安装过程中，需要选择 Unity 的安装路径。默认情况下，Unity 会安装在系统盘的 Program Files 文件夹中。可以选择自定义安装路径。

安装完成：安装完成后，可以启动 Unity 编辑器并开始使用。在启动编辑器之前，确保计算机满足 Unity 的硬件要求，获得最佳的性能和体验。

总之，安装 Unity 软件需要注意操作系统要求、下载安装程序、选择安装选项、许可证和安装路径等方面。同时，建议在安装前先了解 Unity 的最低系统要求，以确保计算机正常运行 Unity。

 操作步骤

步骤 1：搜索 "Unity 中国" 进入 Unity 官网并下载，如图 2–16 所示。

图 2–16

步骤 2：单击 "位置" → "选择位置" → 2020.3.34f1c2 的 "安装"，如图 2–17 所示。勾选 "Microsoft Visual Studio Community 2019" "Android Build Support" "Android SDK &

NDK Tools""OpenJDK"，如图 2-18 所示。勾选 "WebGL Build Support""Windows Build
Support（IL2CPP）""Documentation" 选项，如图 2-19 所示。单击 "继续" 按钮，如
图 2-20 所示。勾选 "我已阅读并同意上述条款和条件"，单击 "继续"，如图 2-21 所示。
勾选 "我已阅读并同意上述条款和条件"，单击 "安装"，如图 2-22 所示。

图　2-17

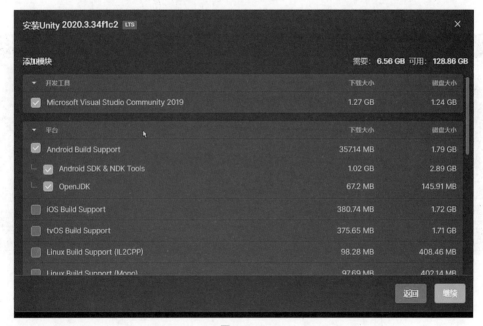

图　2-18

图　2-19

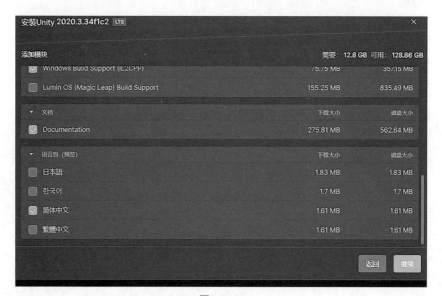

图　2-20

图　2-21

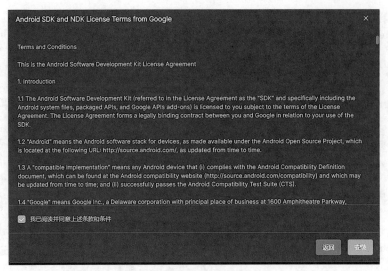

图 2-22

提示：创建项目时可以不要启用"PlasticSCM"，如图 2-23 所示。

步骤 3：打开 Unity，单击"项目"，选择"3D"，单击"创建项目"，如图 2-24 所示。

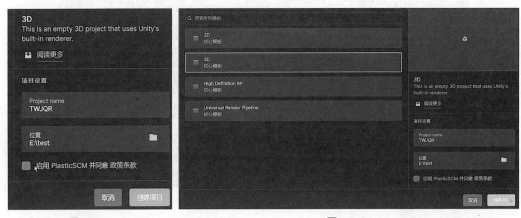

图 2-23   图 2-24

步骤 4：认识界面。

提示："Alt+左键"是左右晃动视角，"Alt+滚轮"或者单独长按右键是上下调整视角，Q 键是向下的键，E 键是向上的键，W 键是向前的键，S 键是向后的键，A 键是向左的键，E 键是向右的键。

步骤 5：切换 Unity 语言。单击"Edit"→"Preferences"，如图 2-25 所示。单击"Languages"→"English"→"简体中文"，如图 2-26 所示。

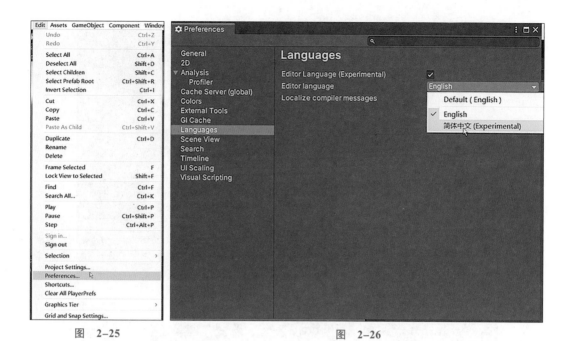

图　2-25　　　　　　　　　　　　图　2-26

提示：拖动窗口调整 Unity 界面布局，如图 2-27 所示。

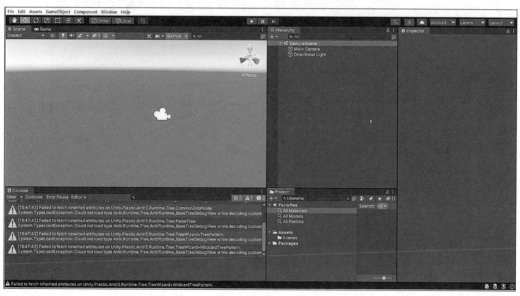

图　2-27

步骤 6：单击 "File" → "Build Settings"，如图 2-28 所示。单击 "Player Settings"，如图 2-29 所示。单击 "Other Settings"，如图 2-30 所示。单击 ".NET 4. ×"，如图 2-31 所示。

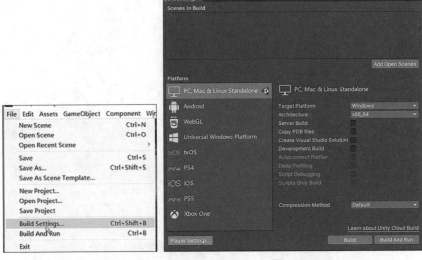

图　2-28　　　　　　　　　　　　图　2-29

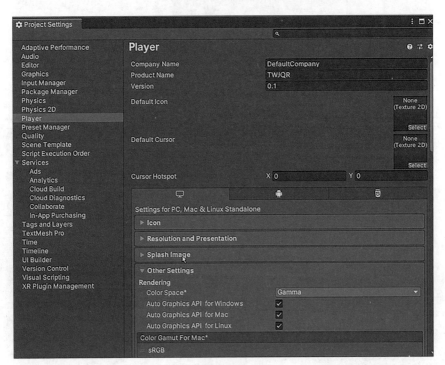

图　2-30

步骤 7：单击 "Import"，如图 2-32 所示。

步骤 8：打开项目 2 素材文件包，选择 "资源扩展包" 文件，将文件拖入项目，导入 XDreamer 插件，完毕后单击 "Import"，如图 2-33 所示。

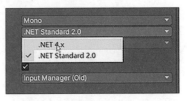

图　2-31

图　2–32　　　　　　　　　　图　2–33

提示：关闭并重新加载将语言替换为简体中文。

步骤 9：单击 "Assets" → "在资源管理器中显示"，如图 2-34 所示。

步骤 10：双击打开新建的工程文件，单击 "XDreamer" → "创建 XDreamer"，如图 2-35 所示。

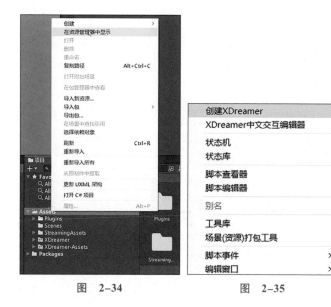

图　2–34　　　　　　　　　　图　2–35

步骤 11：拖动插件框体至界面右侧，重新布置 Unity 工作区格局，完成项目的创建。

技能训练

完成以上步骤后，安装 Unity 软件及创建项目完成，"安装 Unity 软件及创建项目"技能训练表见表 2-2。

表 2-2　"安装 Unity 软件及创建项目"技能训练表

学生姓名		学　号		所属班级	
课程名称		实训地点			
实训项目名称	安装 Unity 软件及创建项目	实训时间			
实训目的： 掌握安装 Unity 软件及创建项目的方法和技巧。					
实训要求： 1. 根据步骤，完成 Unity 软件安装及项目创建。 2. 熟练掌握在 Unity 中创建新项目的流程，包括项目名称、保存路径等相关设置。 3. 熟悉 Unity 软件的界面布局，进行基本的操作，如场景搭建、资源导入等。					
实训截图过程：					
实训体会与总结：					
成绩评定		指导老师 签名			

Unity 安装及项目创建

任务 2-3　设置材质灯光摄像机

 情境导入

　　刘老师带领同学们学习了安装 Unity 和创建项目之后，同学小唐问刘老师：Unity 安装好了，项目也创建完毕，可是它看起来跟机器人好像没什么关系，这是为什么呢？刘老师回答：在我们本任务的课程中，将会针对 Unity 游戏设计方法中的模型导入及材质贴图的设计进行学习，到时每个同学都可以通过这些软件制作出独一无二的会跳舞的机器人。

 任务目标

知识目标

1. 了解设置材质灯光摄像机的基本流程。

2. 熟悉设置材质灯光摄像机的基本技巧。

3. 掌握设置材质灯光摄像机的方法。

技能目标

1. 提升学生对相关制作设备的应用能力。

2. 提高学生独立思考的能力。

3. 深化学生动手实践的能力。

思政目标

1. 树立正确的价值观，弘扬工匠精神。

2. 传承中国传统文化，增强文化自信。

3. 培养团队协作精神，提升职业素养。

 建议学时

1 学时。

 相关知识

　　在 Unity 软件中，选择场景中的游戏对象，进入其属性面板，在"渲染器"组件中设置材质。可以选择使用内置的材质或创建自定义材质，设置颜色、纹理、反射等属性。

选择场景中的灯光对象，进入其属性面板，在"灯光"组件中设置光源类型、颜色、强度、范围等属性。可以添加多个灯光对象来创建不同的光照效果。

选择场景中的摄像机对象，进入其属性面板，在"摄像机"组件中设置摄像机类型、视野、位置、旋转等属性。可以设置不同的摄像机来创建不同的视角和视觉效果。

在 Unity 中设置材质、灯光、摄像机需要了解各种组件的属性和功能，这些要点是Unity 开发的基础，需要不断练习和实践才能掌握。

 操作步骤

步骤 1：将机器人模型导入后，在"Assets"工作区右击"在资源管理器中显示"，如图 2-36 所示。双击打开"Assets"文件夹后，新建三个文件夹分别存放模型、材质、贴图，如图 2-37 所示。

提示：创建完毕后的文件夹会出现在"Assets"工作区内，如图 2-38 所示。

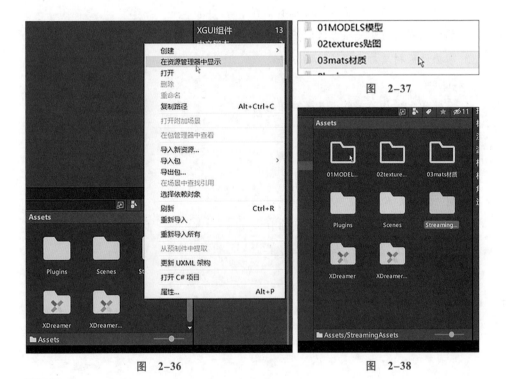

图 2-36

图 2-37

图 2-38

步骤 2：双击打开文件夹，将文件导入，如图 2-39 所示。

步骤 3：双击"层级"→"对应项目"，将项目导入场景，如图 2-40 所示。

步骤 4：检查模型导入成功后是否发生错误。单击"检查器"，修改"材质创建模式"参数为"Standard（Legacy）"，修改"位置"参数为"使用外部材质（旧版）"，修

图 2-39

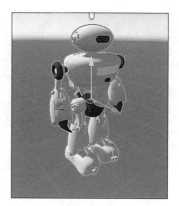

图 2-40

改"正在命名"参数为"从模型材质",修改"搜索"参数为"向上递归",单击"应用",如图 2-41 所示。

步骤 5:将贴图导入"Assets"文件夹中,将导入的贴图应用到任意材质球的"反射率"上,如图 2-42 所示。

步骤 6:设置灯光。单击"游戏对象"→"灯光"→"点光源",如图 2-43 所示,完成灯光创建。

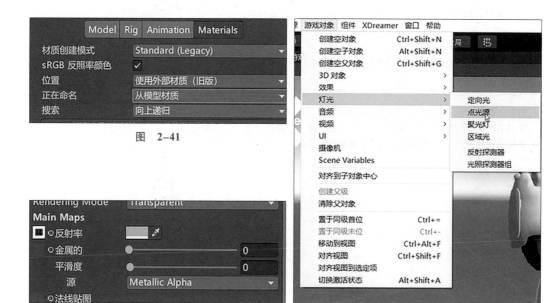

图 2-41

图 2-42

图 2-43

步骤 7:单击"相机"→"平移绕物相机",如图 2-44 所示。

步骤 8:修改"检查器"内位置为(0,0,0),如图 2-45 所示。

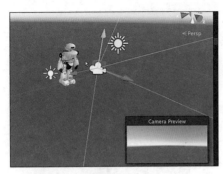

图 2-44   图 2-45

 技能训练

完成以上步骤后，设置材质灯光摄像机完成，"设置材质灯光摄像机"技能训练表见表 2-3。

表 2-3 "设置材质灯光摄像机"技能训练表

学生姓名		学　号		所属班级	
课程名称			实训地点		
实训项目名称	设置材质灯光摄像机		实训时间		
实训目的： 掌握 Unity 模型设置材质灯光摄像机的方法和技巧。					
实训要求： 1. 根据步骤，完成 Unity 材质灯光摄像机的设置。 2. 掌握不同类型灯光的特点和用法，合理布置灯光，营造出合适的光影氛围。 3. 熟练操作摄像机，根据场景需求调整摄像机的位置、角度和参数，展现出最佳的视觉效果。					
实训截图过程：					
实训体会与总结：					
成绩评定			指导老师 签名		

任务 2-4　导入模型细节、创建预制件

 情境导入

　　刘老师带领同学们学习了材质贴图及灯光摄像机背景设置之后,深深地吸引了同学们的注意力。同学小唐问刘老师:学习材质贴图及灯光摄像机背景设置之后,接下来该学习什么呢? 刘老师回答:虚拟现实有效地建立虚拟环境主要集中在两个方面:一是虚拟环境能够精确表示物体的状态模型;二是环境的可视化及渲染。本任务我们将会学习模型导入细节、创建预制件的相关知识。

 任务目标

知识目标

1. 了解模型导入细节、创建预制件的基本流程。

2. 熟悉模型导入细节、创建预制件的基本技巧。

3. 掌握模型导入细节、创建预制件的方法。

技能目标

1. 提升学生对相关制作设备的应用能力。

2. 提高学生独立思考的能力。

3. 深化学生动手实践的能力。

思政目标

1. 树立正确的价值观,弘扬工匠精神。

2. 传承中国传统文化,增强文化自信。

3. 培养团队协作精神,提升职业素养。

 建议学时

1 学时。

 相关知识

　　在 Unity 中,预制件是开发中常用的组件,可以将一组对象组合为一个整体,方便在场景中重复使用和修改。将预制件拖拽到场景中,或者使用代码实例化预制件,即

可将预制件的所有子对象一起添加到场景中。在场景中修改预制件的实例对象，可以选择更新预制件，将其属性和组件等同步到预制件中，以便后续在其他场景中使用。

 操作步骤

步骤 1：在模型正式进入 Unity 之前，对该模型进行"减少模型面数"的操作，预防在软件正式运行过程中出现模型损坏导致无法正常运行的问题。

步骤 2：导入 / 复制多个机器人模型，如图 2-46 所示。

提示：模型过多会影响帧率，模型越多，帧率越低，常通过复制出多个相同的模型，通过观察其帧率的变化推算软件运行的极限，如图 2-47 所示。

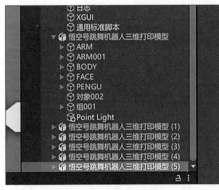
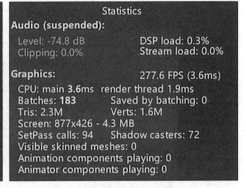

图 2-46   图 2-47

步骤 3：选中其中一个模型，按 W 键激活移动后，长按 Shift 键同时将模型顺坐标轴复制多个，如图 2-48 所示。

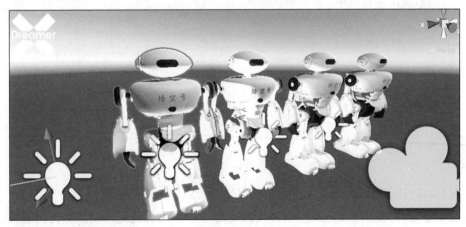

图 2-48

提示：选中模型后，按"Ctrl+C"组合键，并在相应的位置按"Ctrl+V"组合键重复多次，可以复制模型，如图 2-49 所示。

图　2-49

步骤 4：创建预制件。长按选中对象导入至"Assets"文件夹中，在新弹窗中单击"原始预制件"，如图 2-50 所示。

步骤 5：移动预制件，观察工程文件内的"帧率"，如图 2-51 所示。这样创建预制件将多个游戏对象组合为一个整体，并在场景中重复使用。

图　2-50

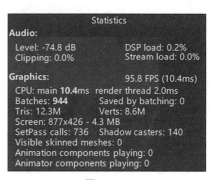

图　2-51

提示：预制件，是指不论模型数量，都会将其看作同一模型进行处理，在使用预制件时，对其进行的修改会影响到所有实例对象，需要谨慎处理。

技能训练

完成以上步骤后，导入模型、预制件创建完成，"导入模型细节、创建预制件"技能训练表见表 2-4。

表 2-4 "导入模型细节、创建预制件"技能训练表

学生姓名		学 号		所属班级	
课程名称			实训地点		
实训项目名称	导入模型细节、创建预制件		实训时间		
实训目的： 掌握导入模型细节、创建预制件的方法和技巧。					
实训要求： 1. 根据步骤，完成导入模型细节、创建预制件。 2. 遵循一定的规范和流程创建预制件，确保预制件的质量和可用性。 3. 在导入和创建预制件过程中，考虑模型资源的优化，以提升性能和效率。					
实训截图过程：					
实训体会与总结：					
成绩评定		指导老师 签名			

任务 2-5 绘制平面 UI

 情境导入

刘老师带领同学们学习了导入模型细节、创建预制件之后，深深地吸引了同学们的注意力。同学小唐问刘老师：学习导入模型细节、创建预制件之后，接下来该学习什么呢？刘老师回答：虚拟现实不仅是计算机图形学或计算机成像生成的一幅画面，更重要的是人们可以通过计算机和各种人机界面与机交互，并在精神上感觉进入环境。它需要结合人工智能、模糊逻辑和神经元技术。本任务我们将学习在 Unity 中创建平面的相关知识。

 任务目标

知识目标

1. 了解绘制平面 UI 的基本流程。

2. 熟悉绘制平面 UI 的基本技巧。

3. 掌握绘制平面 UI 的方法。

技能目标

1. 提升学生对相关制作设备的应用能力。

2. 提高学生独立思考的能力。

3. 深化学生动手实践的能力。

思政目标

1. 树立正确的价值观，弘扬工匠精神。

2. 传承中国传统文化，增强文化自信。

3. 培养团队协作精神，提升职业素养。

 建议学时

1 学时。

 相关知识

Unity 中的平面 UI 是指可以在屏幕上绘制的二维 UI 元素，如按钮、文本、滑块等。

创建 UI Canvas：在 Unity 中，需要先创建 UI Canvas，它类似于一个容器，可以包含 UI 元素。要创建 UI Canvas，需依次选择"GameObject"→"UI"→"Canvas"。

在 UI Canvas 中创建 UI 元素，可以使用以下方法：①在视图中选中 UI Canvas，然后右击，选择"UI"→对应的 UI 元素，如"Button""Text"等。②在菜单栏中选择"GameObject"→"UI"→对应的 UI 元素，如"Button""Text"等。

操作步骤

步骤1：单击上方工具栏内的"2D"按钮，进入 2D 画布视图，如图 2-52 所示。

步骤2：创建"重置"按钮并调整"重置"按钮至合适位置，如图 2-53 所示。

图 2-52

图 2-53

步骤3：检查已有按钮的位置是否正确，如图 2-54 所示。

步骤4：创建按钮。单击"游戏对象"→"UI"→"按钮"，如图 2-55 所示。

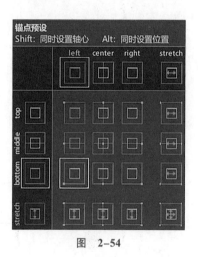
图 2-54

图 2-55

步骤5：单击按钮前的"三角形"，将其扩展开，如图 2-56 所示。

提示：扩展开后可以通过"XDreamer-Assets"中"GUI"内的素

图 2-56

材，如图 2-57、图 2-58 所示，更改其"源图像"等参数或是按钮形状，如图 2-59 所示。

图 2-57

图 2-58

图 2-59

提示：创建不同的按钮形状时，调整右侧弹窗中的参数确定其具体形状大小，如图 2-60 所示。

步骤 6：单击"状态库"→"按钮点击"，如图 2-61 所示，将已存在的按钮导入"检查器"内的"无（按钮）"中，如图 2-62 所示。

提示：使用"UI"创建的按钮与使用"XDreamer"创建的按钮颜色不同，如图 2-63 所示。

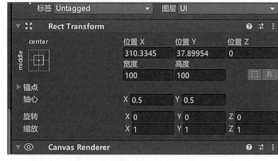

图 2-60

图 2-61

图 2-62

图 2-63

步骤 7：按钮创建完成后，在右侧状态栏中修改其名字，如图 2-64 所示。

步骤 8：单击中间状态栏中"隐藏头部"按钮左侧小三角，单击"Text"，在右侧状态栏中修改其"文本"内容为按钮名称，输入"隐藏头部"，如图 2-65 所示。

图 2-64   图 2-65

 技能训练

完成以上步骤后，绘制平面 UI 完成，"绘制平面 UI"技能训练表见表 2-5。

表 2-5 "绘制平面 UI"技能训练表

学生姓名		学 号		所属班级	
课程名称			实训地点		
实训项目名称	绘制平面 UI		实训时间		
实训目的： 掌握绘制平面 UI 的方法和技巧。					
实训要求： 1. 根据步骤，完成绘制平面 UI。 2. 根据设计需求，合理规划界面的布局，使各元素排列有序、易于操作。 3. 准确绘制各种图形元素，保证图形的线条流畅、形状准确。					
实训截图过程：					
实训体会与总结：					
成绩评定			指导老师 签名		

任务 2-6　Unity 编程设计

任务 2-7　制作 Unity 循环按钮

项目 3
宇宙家园——太阳系路径动画制作

　　路径动画制作在虚拟现实中扮演着重要的角色，它可以用于增强用户的沉浸感和场景的真实感。路径动画可以通过定义物体沿特定路径移动来模拟现实世界中的物体运动，从而使用户感受到更真实的场景和交互体验，如图3-1所示。例如，路径动画可以用于模拟鸟类的飞行路径、汽车的行驶路径等，使用户更好地理解和感受这些运动的规律和节奏。

图 3-1　太阳系路径动画

📖💡 项目提要

　　本项目需要读者在掌握 3ds MAX 基础命令和了解星球轨迹运动的基本知识的基础之上，进行太阳系路径动画制作，了解太阳系轨迹运动制作的基本流程，掌握太阳系轨迹运动制作的方法与技巧，并利用 3ds MAX、Unity 等软件来完成本项目案例。

项目思维导图

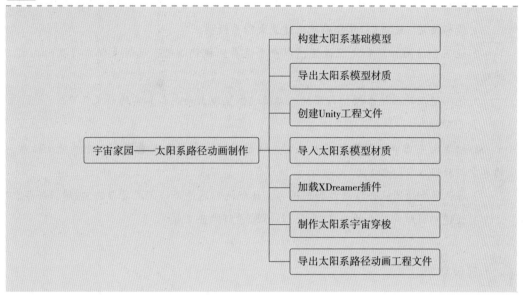

 建议学时

7 学时。

任务 3-1　构建太阳系基础模型

 情境导入

　　张老师带领同学们收看了载人航天技术"神舟十三号"顺利凯旋，这标志我国在全球航天技术领域又谱写出浓墨重彩的新篇章，宏大的宇宙场景深深地吸引了同学们的注意力。同学小王问张老师：这么奇妙的宇宙，我们能不能利用软件进行模拟制作呢？张老师回答：在我们本任务的课程中，将会针对太阳系路径动画制作进行学习，到时每个同学都可以制作出奇妙的宇宙场景，放心，你肯定会掌握太阳系路径动画制作技术的。

任务目标

知识目标

1. 理解太阳系中每个行星的基本特征、轨道以及大小比例。

2. 掌握 3ds Max 软件的基本操作，包括建模、材质设置、动画和渲染技术等。

3. 了解和掌握 3D 建模中的常见工作流程。

技能目标

1. 能够使用 3ds MAX 软件精确地建立太阳系模型。

2. 运用合适的材质和光照设置，以产生逼真的视觉效果，展现太阳系行星的真实外观。

3. 能够运用动画技术模拟行星的运动轨迹，呈现出动态和真实的效果。

思政目标

1. 培养对宇宙和太阳系的基本认识，促进对宇宙奥秘和人类在宇宙中的微小性质的尊重与敬畏。

2. 培养学生的团队合作精神和创造力，鼓励他们通过合作完成复杂的 3D 建模任务。

3. 促进对科学和艺术的交叉理解，培养跨学科综合素养。

 建议学时

1 学时。

 相关知识

3ds MAX 路径动画是一种用于创建动画的技术，通过将物体沿着预定义的路径运动和变形，以制作出一系列动态效果。在 3ds MAX 中，路径动画可以通过创建或选择路径对象，并将需要进行动画的物体约束到路径上来实现。

 操作步骤

步骤 1：单击 3ds MAX 右边的工具栏，选取创建（加号）后，单击"球体"，在窗口中按住左键不放滑动到合适位置后释放左键，完成球体创建，如图 3-2 所示。

提示：球体创建完毕后，可以调整分段及体积，由于虚拟现实对于尺寸要求比较严格，所以一般不建议用缩放工具调整球体体积。

步骤 2：创建完球体以后我们创建 HDR，所谓的 HDR就是全景照片，一般作为渲染背景之用，赋予在球体上，制作宇宙的背景环境。

提示：HDR 贴图通常为 HDR 文件，我们也可以用全

图 3-2

景照片代替，一般格式为 jpg、png。

步骤 3：使用项目 3 素材文件包内宇宙 HDR 贴图文件，按住左键不放，拖动宇宙 HDR 贴图移动到界面内创建的球体上悬停一会儿，不要松开左键，球体会跳转到最前方，然后将光标移动到球体上，释放左键，完成 HDR 图片的赋予，也就是我们常说的扔贴图，如图 3-3 所示。完成上述操作后，如图 3-4 所示。

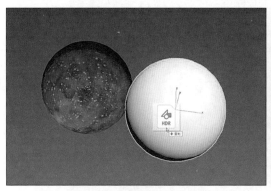 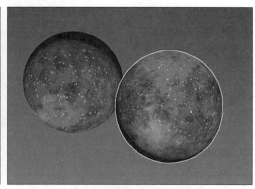

图　3-3　　　　　　　　　　　　　　　　图　3-4

提示：上述的拖动文件在屏幕下方任务栏悬停，所有软件都适用，也可以拖动文件到图片处理软件上，会直接打开相应文件。

步骤 4：制作向内凹宇宙背景，右击"转换为："→"转换为可编辑多边形"，如图 3-5 所示。

提示：建议在所有工作做完后，将物体全选，转化为可编辑多边形，防止贴图或其他元素错误。可以利用球体的物体筛选功能选取样条线和几何体两种元素。

图　3-5

步骤 5：选择面片，使用数字键盘区的数字按键"4"、Ctrl+A 组合键翻转。我们就会发现这个球变为黑色，说明面反转成功。

提示：使用快捷键可以提升你的操作速度。

可编辑多边形具有点、线、边缘（模型删掉面后的漏洞）、面、几何体编辑五种类型，对应键盘"1""2""3""4""5"数字按键。另外，建模过程中发现模型部分变黑是由于面翻转或面重叠导致的，大家可根据具体情况进行具体分析。

步骤 6：为了呈现左边太阳系案例中的宇宙效果，选取刚才的黑色球体，右击"对象属性"，如图 3-6 所示。所弹出的列表中有"背面消隐"，取消前面的对号，就可以通过它的外壳看到它的内侧了，如图 3-7 所示。

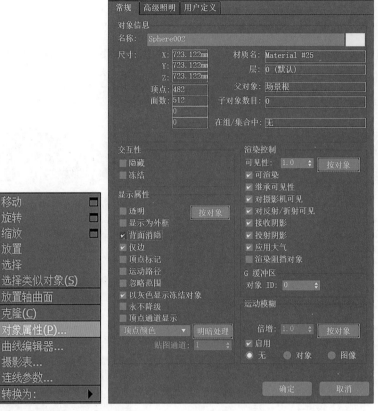

图 3-6   图 3-7

提示：背面消隐就是背面看不到、透明的意思。在制作场景窗外贴图时为了避免太阳光被其挡住经常用到，是一个很实用的功能。

步骤 7：为方便编辑太阳和行星，继续右击所创建圆球，选择"冻结当前选择"，如图 3-8 所示，就会发现球体变成了灰色，如图 3-9 所示。

图 3-8

图 3-9

怎样能让冻结以后球体不是灰色的呢？在未冻结状态下右击此物体，在"显示属性"中有一个"以灰色显示冻结对象"，取消前方的对号，单击"确定"后再冻结它就以彩色或贴图显示，如图3-10所示。

步骤 8：按照创建球体方法，制作太阳系九大行星，选取项目3素材文件包内太阳及行星贴图，这样就可以完成太阳系九大行星制作，如图3-11所示。

提示：Z键是最大化显示的快捷键。不选择任何物体时，最大化显示所有物体；若选择某个物体后按Z键则会将此物体最大化显示。

步骤 9：在此状态下右击窗口中任意地方，单击"全部取消隐藏"，显示宇宙球体，如图3-12所示。

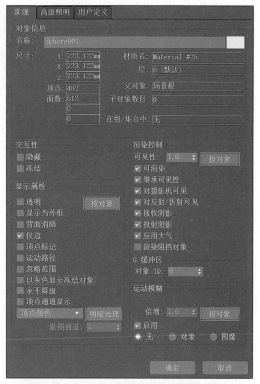

图 3-10

图 3-11

图 3-12

步骤 10：制作球体围绕轨迹运动旋转，按Ctrl+A组合键，右击隐藏选定对象把这些模型全部隐藏，如图3-13所示，我们利用简单模型模拟操作步骤。

步骤 11：在左视图中建一个球体作为太阳，再建一个球体作为其他星球。左视图中稍微移动下星球位置，如图3-14所示。

步骤 12：移动完位置以后，按G键，就可以把网格隐藏起来。按T键从顶视图里面给行星以太阳为中心建一个圆环，如图3-15所示。

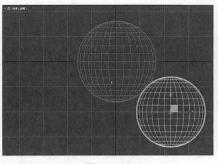
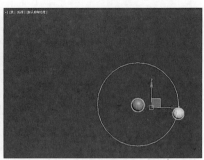

图 3-13　　　　　　　　　图 3-14　　　　　　　　　图 3-15

　　将球体的坐标值归零，圆圈也同样需要归零，虚构的星球归零后放到圆环的位置上。

　　提示：按 W 键启动移动功能键，然后在球体的下方 xyz 框中输入 0 就可以将物体移动到相应位置。

　　步骤 13：在左视图中，如图 3-16 所示，将圆环旋转到和球对齐后，按"Alt+ 滚轮"移动光标进入正交视图进一步观察，如图 3-17 所示。

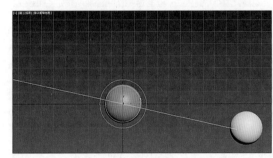
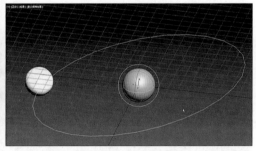

图 3-16　　　　　　　　　　　　　　　图 3-17

　　步骤 14：旋转到左视图当中，确认圆环差不多穿过这个球体中心，右击"转换为："→"转换为可编辑样条线"，如图 3-18 所示。然后单击"1"或在右边工具栏中选择"顶点"，如图 3-19 所示。

　　步骤 15：按 F3 键，将球体以键框显示，防止遮挡视线，在球体中心的位置单击"细化连接"，如图 3-20 所示。

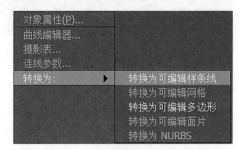

图 3-18

　　步骤 16：由于在球体中心增加了一个点，利用右侧工具栏中的断开工具把它断开，这个时候同一位置就形成了两个点，如图 3-21 所示。

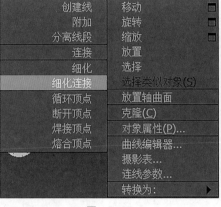

图 3-19   图 3-20   图 3-21

步骤 17：将这两个点框选起来，右击"焊接顶点"，这个时候会发现两个点变成了一个点，并且这个顶点的颜色变成了黄色，这个黄色的点就是球体的起始点，如图 3-22 所示。

步骤 18：单击右边工具栏加号右侧"运动系统"，在蓝色的参数按钮下方有一个平时折叠的"指定控制器"，单击展开它，如图 3-23 所示。

步骤 19：单击"位置 XYZ"，指定控制器"位置 XYZ"会显示一个对号，单击按钮，如图 3-24 所示。

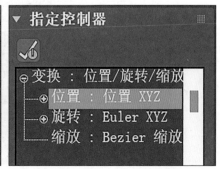

图 3-22   图 3-23   图 3-24

步骤 20：在弹出的窗口"路径约束"中，单击"确定"，如图 3-25 所示。

步骤 21：单击"确定"后可以给它添加路径，中间滚动右侧工具栏找到"路径参数""添加路径"，单击，如图 3-26 所示。

步骤 22：将项目 3 素材文件包内 2 地球贴图拖到这个球体上，如图 3-27 所示。

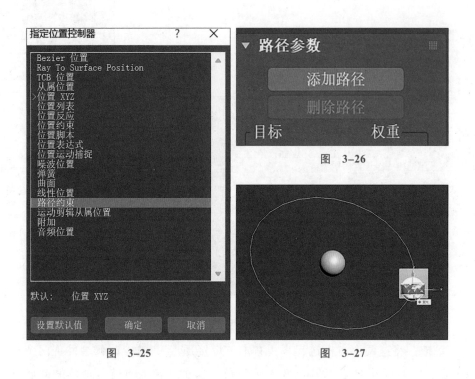

图 3-25

图 3-26

图 3-27

提示：这里创建了许多个材质球，单击一个新的灰色材质球，然后利用吸管工具吸取材质放在球体上，将名字改成"地球"，如图 3-28 所示。

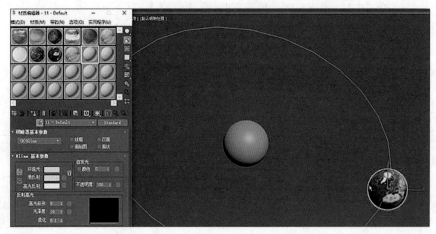

图 3-28

步骤23：完成剩余八大行星的轨道制作，这样太阳系以及 HDR 宇宙环境就初步完成，下一步我们将导出所有的文件到 Unity 软件中进行制作，如图 3-29 所示。

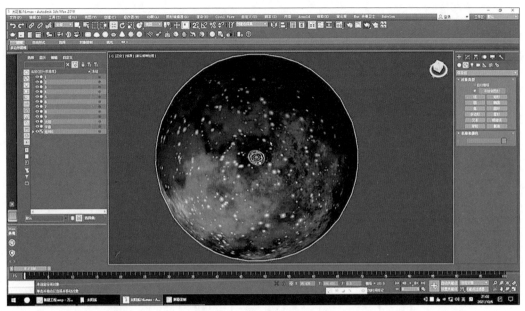

图　3-29

 技能训练

完成以上步骤后，完成构建太阳系基础模型，"构建太阳系基础模型"技能训练表见表 3-1。

表 3-1　"构建太阳系基础模型"技能训练表

学生姓名		学　号		所属班级	
课程名称			实训地点		
实训项目名称	构建太阳系基础模型		实训时间		
实训目的： 掌握构建太阳系基础模型的方法和技巧。					
实训要求： 1. 根据太阳系九大行星，完成模型的制作。 2. 利用 HDR 贴图，进行宇宙空间环境制作。 3. 将动画的物体约束到路径，完成路径动画制作。					

续表

实训截图过程：			
实训体会与总结：			
成绩评定		指导老师 签名	

任务 3-2　导出太阳系模型材质

情境导入

　　张老师为同学们展示了太阳系的模型，并耐心地介绍了太阳系内各星球的位置、特点等，宇宙的神秘、庞大深深地吸引着同学们，也激发同学们对太阳系路径动画的制作热情。同学小王迫不及待地对张老师说：张老师，我们快点接着学习制作太阳系路径动画吧，大家都等不及了呢！张老师爽朗一笑：那接下来，大家可要更加认真听讲哦，下面我们要学习的是太阳系路径动画模型贴图材质的导出。

任务目标

知识目标

1. 理解 3ds MAX 软件中材质的基本概念，包括纹理贴图。

2. 了解不同材质类型在导出过程中可能遇到的问题，掌握相应的解决方法。

3. 理解不同文件格式之间材质导出的差异。

技能目标

1. 能够在 3ds MAX 软件中准确地配置和编辑各种材质。

2. 熟练掌握材质的导出流程，包括导出格式的选择。

3.能够使用专业的渲染技术，确保导出的材质在不同平台和软件中保持一致的外观和效果。

思政目标

1.培养学生对数字艺术和设计的理解和欣赏能力。

2.加深学生对数字技术发展和应用的理解。

3.培养学生的责任意识和法治观念。

 建议学时

1学时。

 相关知识

3ds MAX 是一个广泛使用的三维建模、动画和渲染软件，在导出模型时，它可以包含各种材质信息。以下是一些导出模型材质的知识点。

材质贴图：在 3ds MAX 中，材质贴图是指应用于模型表面的图像。这些图像可以包括漫反射、镜面反射、法线、透明度和置换等纹理。

材质属性：除了材质贴图之外，3ds MAX 还可以创建各种属性，如颜色、反射率、粗糙度、金属度、光泽度等。这些属性可以帮助导出文件的应用程序在运行时正确呈现模型。

着色器：着色器是用于在运行时呈现 3D 模型的程序。导出时需要将所需的着色器保存在文件中，以便在应用程序中正确呈现模型。

导出模型时需要确保所有材质和纹理都正确应用，并保存在导出的文件中。这些材质信息和纹理可以在目标应用程序中正确呈现 3D 模型，如图 3-30 所示。

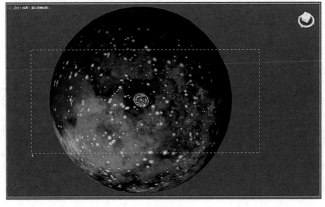

图　3-30

操作步骤

步骤1：单击地球左上角"文件"，在弹出的菜单里找到"导出"，光标悬停后弹出"导出选定对象"，单击此按钮，如图3-31所示。

提示：建议不要直接导出，容易导出冻结物体和隐藏物体。按 Ctrl+E 组合键可以直接弹出导出选定对象菜单。

步骤2：导出位置选择桌面，重命名文件，不要将文件命名为中文，如图3-32所示。

提示：临时文件一般放在桌面，可以让我们在制作过程中复制或者移动更加快捷。Unity 对于中文的支持比较差，用拼音可以降低弹出错误提示的概率。

步骤3：单击保存，弹出选框，选择"嵌入的媒体"，再次单击"动画"，找到动画里的"烘焙动画"，单击"确定"按钮，如图3-33、图3-34所示。

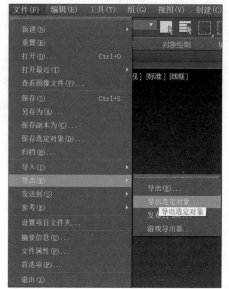

图 3-31

图 3-32

图 3-33

图 3-34

提示：路径动画一定要选择"烘焙动画"，否则 Unity 不识别。其中步长的参数可以根据项目实际情况确定。

步骤 4：单击"确定"按钮，电脑桌面便会形成一个 FBX 文件，接着就可以把这个 FBX 文件导入 Unity 了。

 技能训练

完成以上步骤后，导出太阳系模型材质完成，"导出太阳系模型材质"技能训练表见表 3-2。

表 3-2 "导出太阳系模型材质"技能训练表

学生姓名		学　号		所属班级	
课程名称			实训地点		
实训项目名称	导出太阳系模型材质		实训时间		
实训目的： 掌握导出太阳系模型材质的方法和技巧。					
实训要求： 1. 根据太阳系九大行星，设置好材质贴图，完成导出模型材质。 2. 利用材质属性贴图，完成导出模型材质。 3. 把握着色器参数设置，完成导出模型材质。					
实训截图过程：					
实训体会与总结：					
成绩评定		指导老师 签名			

任务 3-3　创建 Unity 工程文件

 情境导入

张老师带领同学们观看了太阳系旋转的视频，同学小王好奇地问：张老师，太阳系内各大天体是按照怎样的规律在运动呢？张老师解释道：在太阳系中，所有的行星都在大小不同的椭圆轨道上围绕着太阳运动，太阳则位于这些椭圆的一个焦点上。在本次的课程中我们将学习创建 Unity 工程文件。通过本课程学习，相信同学们会更加了解太阳系路径动画 Unity 工程文件制作技术的。

 任务目标

知识目标

1. 了解 Unity 中的基本概念，包括场景管理、游戏对象和组件等。

2. 熟悉模拟在 Unity 场景中的运动和交互。

3. 理解 Unity 中的动画系统和动画控制器。

技能目标

1. 能够熟练运用 Unity 编辑器创建太阳系模拟场景。

2. 具备使用 Unity 中的动画系统制作复杂动画效果的能力。

3. 能够实现太阳系模拟动画中的交互和控制功能。

思政目标

1. 促进学生对宇宙和天文学知识的学习和理解。

2. 培养团队合作意识和交流能力，培养团队精神和合作能力。

3. 培养学生的创新思维和解决问题的能力，促进对科技与人文的交叉理解。

 建议学时

1 学时。

 相关知识

在任务 3-2 我们完成了导出太阳系模型材质，创建 Unity 工程文件需要掌握以下知识点。

Unity 引擎的基本概念和工作流程，包括场景、游戏对象、组件等。Unity 的界面和操作，包括项目视图、场景视图、检查器视图等。Unity 的资源管理，包括导入资源、创建资源等。Unity 的动画系统，包括动画控制器、状态机等。

 操作步骤

步骤 1：打开项目 3 素材文件夹，将 3D 文件和贴图放到 Unity 对应文件夹里。

提示：做工程前一定要注意归档的问题，否则在制作复杂工程时可能会出现大量文件丢失的问题。3D 里面便有一个归档的功能，可以将所有文件归档为一个压缩包。

步骤 2：退出腾讯管家、360、瑞星、迈克菲等杀毒软件或者电脑管家，把已经导出的 sun.FBX 放到创建文件的 Unity 里。

步骤 3：打开 Unity Hub，单击"新项目"，如图 3-35 所示。顶端可以自由选择版本，左侧单击"所有模版"，然后选择"3D核心模块"，右下方项目名称（project name）设置为 sun，位置指定到某个硬盘根目录，取消选择"启用 Plastic SCM"，最后单击"创建项目"，如图 3-36 所示。

图　3-35

提示：建文件储存的路径中建议使用英文或拼音命名。

步骤 4：使用"自定义"，压缩方式选择"存储"。把压缩包拖入存储设备或者百度网盘做备份文件。

图　3-36

提示：压缩方式中"存储"的速度是最快的，因为在上传比较多的文件时，假如上传 2 000 个文件就要耗费大量时间。

步骤 5：创建完后，整理 Unity 界面，将下方的项目框拖到上方右边，将左上方的层级拖至右下方，如图 3-37 所示。在"Assets"文件夹里找到"Scenes"文件夹（指场景），右击"Assets"文件夹（蓝色位置），单击在"资源管理器中显示"，这时便会打开一个文件夹，Assets 便在这个文件里，如图 3-38 所示。

步骤 6：双击进入 Assets 文件夹，新建"models"文件夹和"prefebs"文件夹，如图 3-39 所示。

图　3-37　　　　　　　　图　3-38　　　　　　　　图　3-39

步骤 7：将 sun.FBX 用按 Ctrl+C 组合键、Ctrl+V 组合键的方式复制粘贴到 models 文件夹中，然后回到 Unity 中。此过程是 Unity 在对刚才导入的 FBX 进行编码。models 是实心文件夹，说明里面有文件，没有文件的 prefebs 是空心的文件夹。打开 Unity 的"models"会发现 sun 在里面了，这就是导入模型的过程，如图 3-40、图 3-41 所示。

步骤 8：单击项目右方的模型，在它右侧有个播放按钮一样的标识，单击这个文件，拖动到下方层级里，在层级里面就会出现 sun 文件，sun 文件方块下方有一条凹陷，这就是初始模型，如图 3-42 所示。

步骤 9：单击层级 sun 左侧的三角，构建的模型便在里面，同时右侧检查器中会有各种参数，打开 sun 文件下面的"1、2、3……"却发现材质不对，赋予的贴图会丢失，需要转化拾取材质。

图　3-40

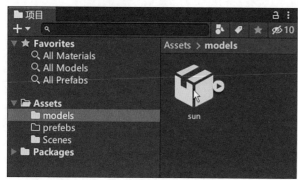

图　3-41

图　3-42

 技能训练

完成以上步骤后，创建 Unity 工程文件完成，"创建 Unity 工程文件"技能训练表见表 3-3。

表 3-3　"创建 Unity 工程文件"技能训练表

学生姓名		学　号		所属班级	
课程名称		实训地点			
实训项目名称	创建 Unity 工程文件	实训时间			

续表

实训目的： 掌握创建 Unity 工程文件的方法和技巧。
实训要求： 1. 根据 Unity 界面和编辑器的基本布局，完成创建 Unity 工程文件。 2. 利用菜单栏、工具栏等工具，进行 Unity 工程文件制作。 3. 创建项目，完成创建 Unity 工程文件。
实训截图过程：
实训体会与总结：

成绩评定		指导老师 签名	

任务 3-4　导入太阳系模型材质

 情境导入

　　张老师说：相信同学们通过上节课程的学习已经对太阳系内各大行星的运动规律以及 Unity 工程文件的创建有了一定掌握。那么这节课将学习的便是将太阳系的模型材质导入 Unity 里面。同学小王好奇地说：张老师，该如何将太阳系模型材质导入 Unity 里面呢？张老师笑着回答道：这就要回到 Unity 里面进行讲解了，在本节课程中相信同学们会对 Unity 这一软件有更加深入的了解。

任务目标

知识目标

1. 了解 Unity 中材质的基本概念，并理解它们在模型渲染中的作用。

2. 掌握不同文件格式的导入方法。

3. 了解和掌握贴图优化的基本原理。

技能目标

1. 能够熟练使用 Unity 的导入工具，并确保模型与材质在场景中正确呈现。

2. 具备对导入材质进行调整和优化的能力，提升模型的视觉效果。

3. 能够优化太阳系模型的渲染性能，确保模型在不同平台和设备上的稳定运行和渲染效果。

思政目标

1. 培养学生对科学与艺术结合的理解和欣赏能力。

2. 提升学生对数字艺术和技术发展的认识。

3. 增强学生环境保护和可持续发展的意识，培养学生的社会责任感。

 建议学时

1 学时。

 相关知识

Unity 支持导入各种三维模型和材质，为避免在导入模型时出现材质丢失的情况，需要进行以下操作。

检查模型和材质的文件路径是否正确。如果模型和材质不在同一个文件夹中，Unity 可能无法正确加载材质。确保模型和材质都在 Unity 项目正确的文件夹中。

检查材质是否存在，检查丢失的材质是否已从项目中删除。在 Unity 中，材质是独立的资源，如果在导入模型时删除了材质，则会出现丢失材质的情况。检查项目中是否存在材质资源，并将其重新链接到模型上。

检查模型导入设置。在导入模型时，Unity 提供了一些选项来控制模型的导入设置，如是否导入材质、是否使用模型中的法线等。检查这些设置是否正确，并尝试重新导入模型。

操作步骤

步骤 1：在项目储存路径的文件夹中，新建一个 Materials 文件夹，并将所有的贴图复制进去。

提示：jpg 导进贴图和材料之后会生成一个 meta 文件，这个是 Unity 编码文件。此文件不可删除，否则将会导致项目崩溃。

步骤 2：返回 Unity，单击项目中的模型，在"检查器"中可以改变材质颜色，单击"Materials"，"材质创建模式"选择"Standard（Legacy）"，如图 3-43 所示。选择"使用外部材质（旧版）"，选择"从模型材质"，最后单击"应用"，这就是导入材质的方法，如图 3-44 所示。

图 3-43

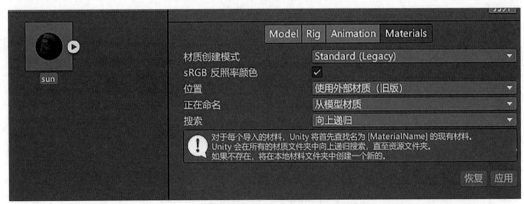

图 3-44

提示：那么拷贝进入 Materials 文件夹的贴图有什么作用呢？将所有文件都删掉，然后 Materials 文件夹成了空文件夹，但是有时 Unity 中的材质可能存在某些问题，可能会造成贴图删掉后材质崩溃坏掉。

步骤 3：单击"游戏对象"，选择"3d 对象"中的球体，如图 3-45 所示，重新建一个材质球，以中间的球体为例，在项目中"mat"文件夹右击"创建"新的材质球，如图 3-46 所示。

图　3-45　　　　　　　　　　　　　　　　　　　　　图　3-46

步骤 4：材质球创建成功后，如果刚创建的球体及材质是一个贴图彻底坏掉了的星球，尝试把新建的材质赋予到球体中。右击找到"在资源管理器中显示"，单击"在资源管理器中显示"后弹出文件夹，在文件夹中找到"Materials"文件夹，鼠标左键双击进入，按 Ctrl+C 和 Ctrl+V 组合键，复制粘贴一个贴图到该文件夹，如图 3-47 所示。

提示：尽量将贴图和材质放在一起，这样方便编辑。

步骤 5：单击图片，将它扔到材质球→"检查器"的"反射率"上，在"项目"→"models"→"Materials"中拖动材质球到左侧场景的球体上，这个球体就完成了，贴图已经成功显示在球体上了。这就是在 Unity 中的材质崩溃需要修复和在 3ds MAX 中材质贴图的方法，如图 3-48 所示。

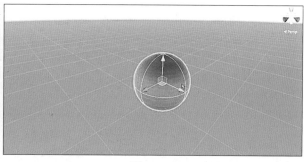

图　3-47　　　　　　　　　　　　　　　　　　　　　图　3-48

技能训练

完成以上步骤后，导入太阳系模型材质完成，"导入太阳系模型材质"技能训练表见表 3-4。

表 3-4 "导入太阳系模型材质"技能训练表

学生姓名		学　号		所属班级	
课程名称			实训地点		
实训项目名称	导入太阳系模型材质		实训时间		
实训目的： 掌握导入太阳系模型材质的方法和技巧。					
实训要求： 1.检查模型和材质的文件路径，完成导入太阳系模型材质。 2.检查材质属性，进行导入太阳系模型材质。 3.检查模型导入设置，完成导入太阳系模型材质。					
实训截图过程：					
实训体会与总结：					
成绩评定			指导老师 签名		

任务 3-5　加载 XDreamer 插件

情境导入

　　张老师说："同学们，你们知道吗？在中国每一次航天飞船研发过程中，飞船内哪怕是最细小的零件都要精确到毫米甚至更小。失之毫厘，差之千里。"同学小王说：张老师，科研人员不仅能吃苦、不惧困难，更能勇于面对难关、攻克难关。我觉得我们应该向航天科研人员学习。张老师欣慰地说：是的，同学们，科研人员的事迹令人敬佩，而他们的精神更值得我们学习。所以在制作过程中我们更应严谨、认真地对待每一个操作步骤，学习航天精神。这样我们才能真正掌握太阳系路径动画制作技术。

任务目标

知识目标

1. 了解 Unity 中插件的基本概念和加载机制。

2. 熟悉 XDreamer 插件的基本功能和特点。

3. 掌握 XDreamer 插件基本的配置和使用方法。

技能目标

1. 能够正确配置和加载 XDreamer 插件。

2. 具备对插件功能进行调试和优化的能力。

3. 能够根据项目需求结合 XDreamer 插件，提升项目的创新性和个性化。

思政目标

1. 提升对创新技术的理解和认知，激发学生的创新思维和创造力。

2. 提升对开源精神和共享文化的认识，尊重知识产权和作者权益。

3. 培养学生对文化数字产业发展的责任意识和使命感。

建议学时

1 学时。

相关知识

　　XDreamer 又称 XDreamer 中文交互编辑器，由北京讯驰视界科技有限公司开发、维护。XDreamer 是一款基于 Unity 平台开发的，可在 Unity（包括编辑器与运行时）

81

中使用的可扩展的中文交互编辑软件，可进行 2D、3D、VR、AR、MR（混合现实）开发。软件编辑器可运行在 Windows 与 macOS 的 Unity 编辑器中，打包发布后，可在包括但不限于 Windows、macOS、Android、iOS、WebGL 等平台上运行。

 操作步骤

步骤 1：打开资源包，找到 XDreamer 文件夹，双击 XDreamer 软件，如图 3-49 所示。

提示：导入时，切记笔记本要插电源，笔记本插电源和只用电池，工作效率差距是极大的。

步骤 2：导入后，发现了多达 11 个错误。但是导入 XDreamer 时的所有操作包括里面文件夹输入都是没有问题的，那么这些错误是什么意思呢？翻译成中文，就是我们的项目丢失了这些库，单击"编辑"，在弹出来的窗口中单击"项目设置"（edit-Build Settings），如图 3-50 所示。

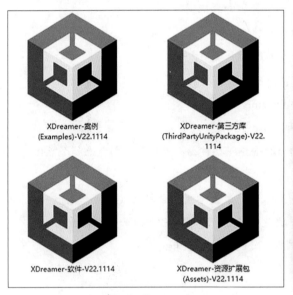

XDreamer-案例
(Examples)-V22.1114

XDreamer-第三方库
(ThirdPartyUnityPackage)-V22.1114

XDreamer-软件-V22.1114

XDreamer-资源扩展包
(Assets)-V22.1114

图　3-49

图　3-50

步骤 3：单击左侧的"Player"，然后右边向下拉滚动条，找到".NET Standard 2.0"改为 .NET 4.×，如图 3-51 所示。如果有的没有自动消失，单击报错窗口左上角的 Clear 也可以手工清理错误提示。

提示：我们的插件不能是 2.0 而是 4.×。如果是 2.0 就容易弹出错误。如果双击 NET 4.× 没反应，可以在第三方库双击导入。如果还不行，查看导入模式是英文还是中文，如是中文模式改为英文模式即可。

图　3-51

步骤 4：第三方包导入方法如下，鼠标移动至左上角工具栏找到"资源"，鼠标左键单击，向下移动找到"导入包"，右侧出现"自定义包"，鼠标右移至"自定义包"单击，选择所需包路径，如图 3-52 所示。

步骤 5：单击顶部菜单栏"XDreamer"→"创建 XDreamer"→"状态机"→"状态库"，如图 3-53 所示。

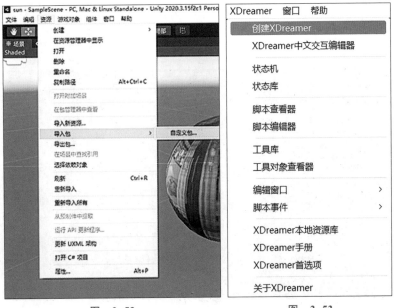

图　3-52　　　　　　　　　　　　图　3-53

步骤 6：创建完成后，注意检查器要认证并且需要联网认证，一般认证都是关闭的，单击三角拓展菜单，然后单击认证按钮，认证完毕后，单击左下方错误提示栏上方的 Clear。状态库一般需要放到层级和项目旁边方便操作，布局如图 3-54 所示。完成上述工作后，单击"菜单"→"文件"→"保存"，保存工程。

图　3-54

步骤 7：保存完后关闭程序，把 Unity 关掉后重启计算机。这一步是为了防止程序错误。

步骤 8：单击"Edit"→"Preferences-Languages"，可以将语言变为中文或切换回英文，如图 3-55 所示。

图　3-55

步骤 9：导入 xd 后，单击 Unity 的中文化，然后按 Ctrl+S 组合键（保存），关闭软件，再加载一下。

提示：切记，切换语言后一定要重启。

 技能训练

完成以上步骤后，加载 XDreamer 插件完成，"加载 XDreamer 插件"技能训练表见表 3–5。

表 3–5 "加载 XDreamer 插件"技能训练表

学生姓名		学 号		所属班级	
课程名称		实训地点			
实训项目名称	加载 XDreamer 插件	实训时间			
实训目的： 掌握加载 XDreamer 插件的方法和技巧。					
实训要求： 1. 准确无误地完成 XDreamer 插件的安装，包括下载、解压和导入等步骤。 2. 对 XDreamer 插件的主要功能有深入的理解，能够熟练运用各种工具和功能组件。 3. 根据项目需求，对 XDreamer 插件进行基本的配置和设置，以达到最佳的使用效果。					
实训截图过程：					
实训体会与总结：					
成绩评定		指导老师 签名			

任务 3-6 制作太阳系宇宙穿梭

任务 3-6 制作
太阳系宇宙穿梭

任务 3-7 导出太阳系路径动画工程文件

任务 3-7 导出太阳
系路径动画工程文件　　太阳系路径动画 1　　太阳系路径动画 2

项目 4
青铜器文物虚拟展示设计制作

　　虚拟现实技术可以为历史文物的展示和传播提供全新的方式。通过虚拟现实技术，我们可以创造逼真的三维场景和交互性体验，让观众感受到仿佛亲临文物所在，同时还可以提供更加直观、生动的视觉展示和多样化的展示形式。青铜器文物虚拟展示就是通过建模、渲染等技术创造出逼真的展示环境，让观众可以在虚拟博物馆中浏览和了解文物（图4-1）。通过虚拟现实技术的应用穿越时空，体验古代文明的辉煌，与文物互动，观察文物细节和参与文物教育活动。

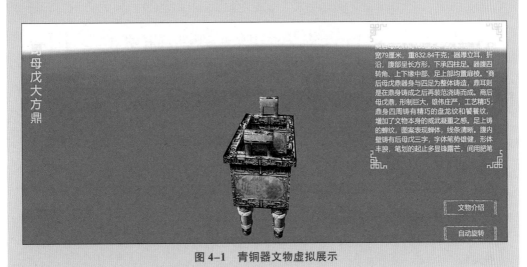

图4-1　青铜器文物虚拟展示

📖 项目提要

　　本项目需要读者在掌握 3ds MAX 基础命令和了解青铜器文物的基本知识的基础之上，进行青铜器文物虚拟展示制作，了解青铜器文物虚拟展示制作的基本流程，掌握青铜器文物虚拟展示制作的方法与技巧，并利用 3ds MAX、Unity 等软件来完成本项目案例。

项目思维导图

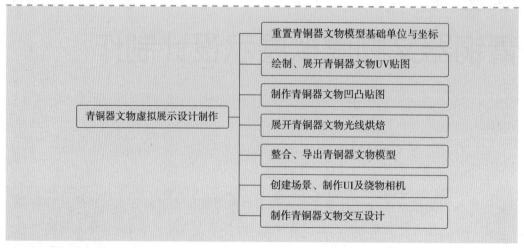

青铜器文物虚拟展示设计制作
- 重置青铜器文物模型基础单位与坐标
- 绘制、展开青铜器文物UV贴图
- 制作青铜器文物凹凸贴图
- 展开青铜器文物光线烘焙
- 整合、导出青铜器文物模型
- 创建场景、制作UI及绕物相机
- 制作青铜器文物交互设计

 建议学时

10 学时。

任务 4-1　重置青铜器文物模型基础单位与坐标

情境导入

　　该青铜器文物是商后期的铸品，现藏于中国国家博物馆"古代中国"基本陈列展厅内，很多同学没有见过它的样子。这时小丁举手说：我们还没有见过青铜器文物的样子，我们该如何将它的全貌塑造出来呢？刘老师回答说：我们采用建模的方式一步步将大方鼎塑造出来，再使用虚拟现实技术，给它制作一个展示平台，生动、真实地将古文物展现在大众面前。接下来的步骤大家认真学习，保证可以完美制作出这个古青铜文物。

任务目标

知识目标

1. 了解重置青铜器文物模型基础单位与坐标的基本流程。

2. 熟悉重置青铜器文物模型基础单位与坐标的基本技巧。

3. 掌握重置青铜器文物模型基础单位与坐标的方法。

技能目标

1. 提升学生对重置青铜器文物模型基础单位与坐标的应用能力。

2. 提高学生独立思考的能力。

3. 深化学生动手实践的能力。

思政目标

1. 增强学生的国家意识、社会责任感和法律意识，培养担当民族复兴大任的意识和能力。

2. 提高学生的文化素养和审美素养，培养具有人文精神和创新精神的人才。

3. 培养学生的自主学习能力和批判思维能力，提高学生的逻辑思维能力和表达能力。

 建议学时

1 学时。

 相关知识

在 Unity 中，重置物体的坐标轴可以更方便地编辑，重置坐标轴可以使物体的坐标轴与其本身的方向一致，这样在编辑时更加直观和方便；也可以更准确地碰撞检测，在物理引擎中，物体的碰撞检测是依赖于其坐标轴方向的，如果坐标轴方向不准确，碰撞检测可能会出现问题。因此，有时在一些特殊场景下，我们通过使用重置坐标轴来提高制作效率，提高物体的碰撞检测准确性。

 操作步骤

步骤 1：使用任务 4-1 素材文件包内素材文件，将文件直接拖进 3ds MAX，选择"导入文件"。

步骤 2：使用 W 键，然后对其位置进行归零，使青铜器文物处于网格的正中心，如图 4-2 所示。

图　4-2

提示：这个青铜器文物模型可能会有一点小问题，大家可以看到贴图有一些不太对，包括单位也需要进行仔细的检查。

步骤 3：单位设置，右击任务栏 "3"，这里我们可以看一下 "主栅格"，将数值设置为 "10" "7"，如图 4-3 所示。

步骤 4：单击任务栏的 "自定义"，选择 "单位设置"，如图 4-4 所示，一定要选择米，在 "系统单位设置" 里选择厘米，如图 4-5 所示，单击 "确定"。现在可以看到，一个青铜器文物在网格的正中心。

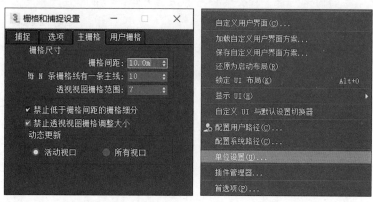

图 4-3   图 4-4

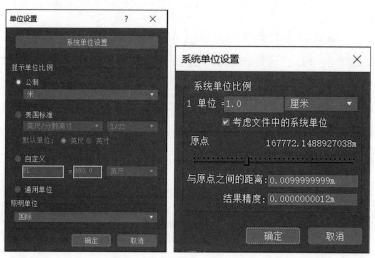

图 4-5

步骤 5：右击任务栏的 "3"，"主栅格" 这里变成 0.1 m，我们需要再改成 1.0 m，如图 4-6 所示。

步骤 6：按 E 键，对青铜器进行缩放。

提示：学习好快捷键的使用会让你在练习中提高效率。

步骤 7：到右侧选择第三个按钮 "层次"，选择 "轴"，在调整轴 "仅影响轴" 选择 "居中到对象"，如图 4-7 所示。前期准备已经完成了，大家可以看一下呈现的效果，如图 4-8 所示。

图　4-6

图　4-7

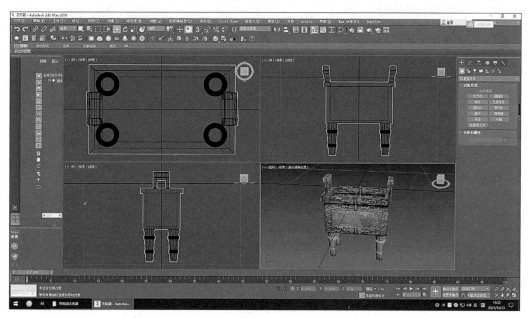

图　4-8

 技能训练

完成以上步骤后，重置青铜器文物模型基础单位与坐标完成，"重置青铜器文物模型基础单位与坐标"技能训练表见表 4-1。

表 4-1 "重置青铜器文物模型基础单位与坐标"技能训练表

学生姓名		学　号		所属班级	
课程名称			实训地点		
实训项目名称	重置青铜器文物模型基础单位与坐标		实训时间		
实训目的： 掌握重置青铜器文物模型基础单位与坐标的方法和技巧。					
实训要求： 1. 完成模型的导入。 2. 重置青铜器文物模型基础单位。 3. 重置青铜器文物模型基础坐标。					
实训截图过程：					
实训体会与总结：					
成绩评定		指导老师 签名			

任务 4-2　绘制、展开青铜器文物 UV 贴图

 情境导入

　　今天刘老师找到了几张青铜器文物的高清细节图，这时候小丁想问，我们需要将它绘制到模型上面吗？刘老师回答说，会教我们一个快速绘制贴图的方法。一个正确的放置位置会使模型更具真实性，更好地还原，让我们来一起学习。

 任务目标

　　知识目标

　　1. 了解绘制、展开青铜器文物 UV 贴图的基本流程。

　　2. 熟悉绘制、展开青铜器文物 UV 贴图的基本技巧。

　　3. 掌握绘制、展开青铜器文物 UV 贴图的方法。

　　技能目标

　　1. 提升学生对绘制、展开青铜器文物 UV 贴图的学习能力。

　　2. 提高学生独立思考的能力。

　　3. 深化学生动手实践的能力。

　　思政目标

　　1. 增强学生的国家意识、社会责任感和法律意识，培养担当民族复兴大任的意识和能力。

　　2. 提高学生的文化素养和审美素养，培养具有人文精神和创新精神的人才。

　　3. 培养学生的自主学习能力和批判思维能力，提高学生的逻辑思维能力和表达能力。

 建议学时

　　1 学时。

 相关知识

　　在 3ds MAX 中，展开 UV 贴图是将一个 3D 模型的表面展开成 2D 平面，以便应用纹理贴图。

　　UV 坐标：每个 3D 模型都有一个 UV 坐标，用于指定 3D 模型表面的 2D 坐标系。在 3ds MAX 中，可以通过"编辑 UVs"工具对 UV 坐标进行编辑。

UV 展开：UV 展开是将 3D 模型的所有面展开成 2D 平面，以便更好地编辑和应用纹理贴图。在 3ds MAX 中，可以使用"展开 UVW"工具对 3D 模型进行 UV 展开。

纹理贴图：纹理贴图是应用到 3D 模型表面的图片或图案。在 3ds MAX 中，可以使用多种纹理贴图，如位图、材质、过程纹理等。将纹理贴图应用到 3D 模型表面需要先将其映射到 UV 坐标上，然后再将 UV 坐标应用到 3D 模型表面。

 操作步骤

步骤 1：右击选择"可编辑多边形"，按 4 键，选中青铜器四周的面，将其分离成为单独的个体，如图 4-9 所示。

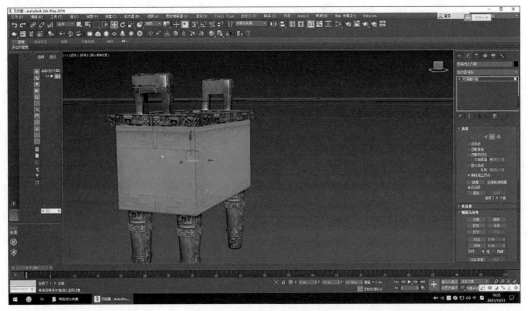

图 4-9

步骤 2：按 M 键，然后选择"模式"的"精简材质编辑器"，如图 4-10 所示，单击"吸管"吸取刚分离的对象材质，复制一个新的材质到新的材质球上，如图 4-11 所示。

图 4-10

步骤 3：选中复制好的材质球，将材质贴到分离出来的物体上，重命名新材质，如图 4-12 所示。

步骤 4：按 M 键打开材质编辑器，查看该材质的位置。单击查看图像，就可以看到图像，如图 4-13 所示。

步骤 5：右击"转化为"，选择"转化为可编辑网格"，在"修改器列表"选择"UVW 贴图"，如图 4-14 所示。

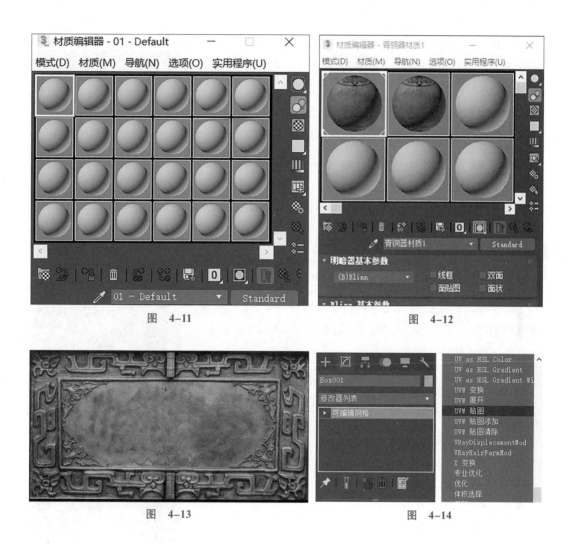

图 4-11

图 4-12

图 4-13

图 4-14

步骤 6: 在"参数"→"贴图"中选择长方形,可以看到这个贴图较好地贴在这个方块上面,如图 4-15 所示。

图 4-15

步骤 7：单击"+"号，选中另一部分物体。将两个鼎耳分离，原物体已经是可编辑多边形模式，按 5 键，选择"元素"模式，选中鼎耳，单击"分离"，如图 4-16 所示。

步骤 8：把鼎身转化为"可编辑多边形"，选择"附加"，如图 4-17 所示。

步骤 9：切换到选择并移动，按住 Shift+W 组合键，向前拖动这两个鼎耳，跳出弹窗单击"确定"按钮，在右侧的"名称和颜色"对复制好的鼎耳进行重命名，如图 4-18 所示。

提示：按住 Shift 拖动想要复制对象，可以输入想要复制出物体的数量，但是要选择"复制"。

步骤 10：鼎耳处于可编辑多边形状态，我们按 5 键，选择"元素"模式，选中一边的鼎耳，将其删除（Delete），留下一个鼎耳。

步骤 11：在右侧选择第三个按键"层次"，选择"轴"，在调整轴"仅影响轴"选择"居中到对象"，如图 4-19 所示。

步骤 12：在画面右上角"线框"单击选择"面"，如图 4-20 所示，可以看到这是一个面的材质，如图 4-21 所示。

步骤 13：按 1 键，选择"点"模式，在"修改器列表"中找到 UVW 展开，在"编辑 UV"中选择"打开 UV 编辑器"，如图 4-22 所示。

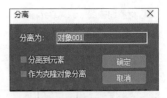

图　4-16

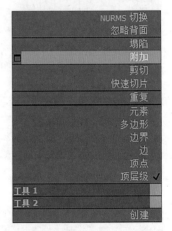

图　4-17

图　4-18

图　4-19

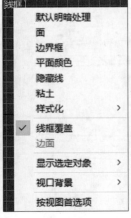

图　4-20

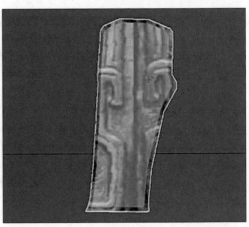

图　4-21

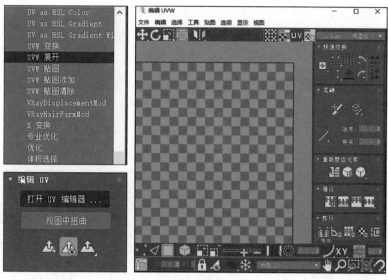

图　4-22

提示：所有的数字快捷键都在 Q 键、W 键、E 键、R 键上方。

步骤 14：在任务栏找到"贴图"，选择"展平贴图"，如图 4-23 所示，多边形角度只选择 60°，可以展平在一张贴图里，效果如图 4-24 所示。

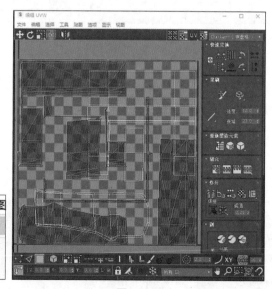

图　4-23　　　　　　　　　　　　图　4-24

步骤 15：把两侧柱子的侧面全部选中，选择忽略背面，按住 Alt 键，去掉选择多选的面。

提示：在 3ds MAX 操作中，需要及时保存，否则软件报错闪退，会导致前期做的工作丢失。

步骤 16：在右侧"投影"，选择"X"，进行合理的展开。

步骤 17：再次选择面，然后选中鼎耳顶部的面，在"投影"中选择"平面贴图"，如图 4-25 所示。

步骤 18：按住 Alt 键可以将多选的面取消选择，整体转一下，然后可以对齐到"Y"，如图 4-26 所示。

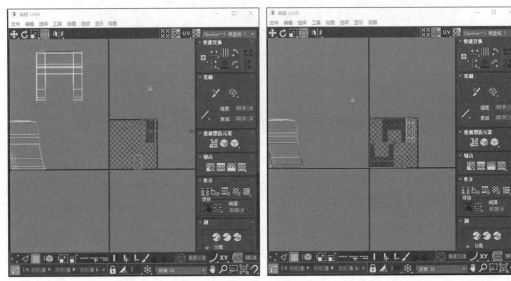

图　4-25　　　　　　　　　　　图　4-26

步骤 19：按 M 键，打开材质编辑器，查看该材质的位置，选择"Standard"→"通用"→"棋盘格"，选择明暗处理，如图 4-27 所示。

步骤 20：选择要赋予材质的物体，看到物体变成一个棋盘格的形式，如图 4-28 所示。

图　4-27

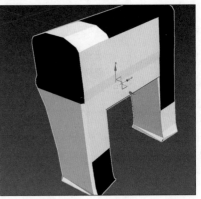

图　4-28

步骤21：打开 UVW 编辑器，调整棋盘格的位置。选中面，查看一下它们都分布在什么位置，如图 4-29 所示。

提示：前期的建模需要规范，并放到相对应的位置。

步骤22：选择面并选择"投影"→"平面对齐"→"X"。

步骤23：进行缩放，棋盘格的形式会更加明亮、更加规整，如图 4-30 所示。

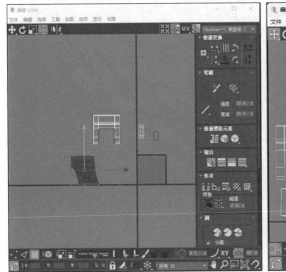

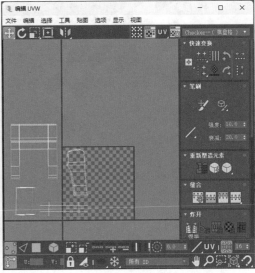

图 4-29

图 4-30

步骤24：选中下一块物体来查它的棋盘格，与上一个步骤同样的操作方法，把它放大一点，呈现比较好的形态，如图 4-31 所示。

步骤25：将它全部选中，进行缩放处理，如图 4-32 所示。

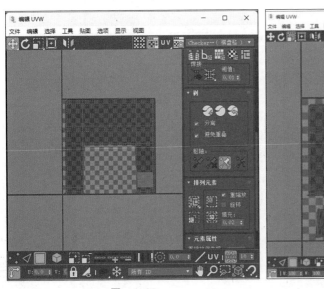

图 4-31

图 4-32

步骤 26：选中底部和顶部，同样操作，可进行缩放设置，尽量对齐这个棋盘格，如图 4-33 所示。

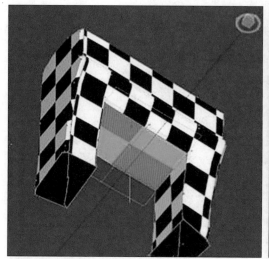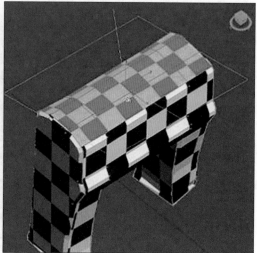

图　4-33

步骤 27：选择每一个面，进行缩放，将其排列整齐，再选中整一块，进行缩放，把它放到这个棋盘格的里面，尽可能填满，如图 4-34 所示。

步骤 28：打开 UV 编辑器，选择"工具"→"渲染 UVW 模板"，如图 4-35 所示。

步骤 29：选择"512×512"的尺寸，单击不可见边，所有格式里面选择"jpg"，然后可以渲染 UV 模板，如图 4-36 所示。

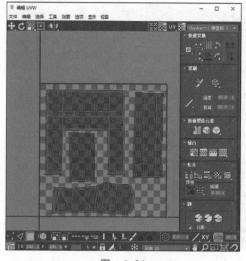

图　4-34　　　　　　　　　　图　4-35　　　　　　图　4-36

步骤 30：将渲染 UV 模板放到 PS 软件打开。

步骤 31：按 Ctrl + Shift +N 组合键增加一个图层，将新图层做成黑色，放到底部，让现况更加明显，如图 4-37 所示。

步骤 32：选择快速选择工具，右击，选择第二个，如图 4-38 所示。

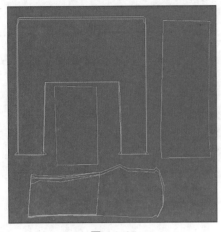

图 4-37　　　　　　　　　　　　　　图 4-38

步骤 33：复制一个图层一，在图层三中将颜色改为红色，区分需要保留下来的线条。

步骤 34：选择这个图层一，使用魔棒工具进行加选，把黑色的块全选。把红色线条也进行加选，如图 4-39 所示。

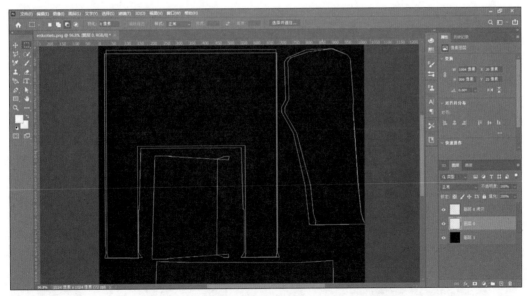

图 4-39

步骤 35：单击图层三，在这个图层中填上颜色，如图 4-40 所示。

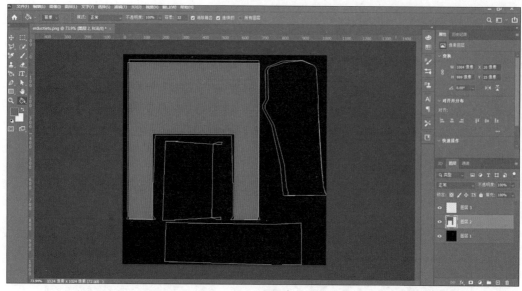

图　4-40

提示：在 PS 软件中，图层的选择性是很重要的，一旦图层选错，我们几乎没办法去选择需要的物体。大家可以看到靠近左侧图形变成红色。单击第二个图标表示加选的选项，如

图　4-41

图 4-41 所示。这一块就需要大家细心一点，慢慢选择。PS 软件中我们使用魔棒工具时，碰到需要加选的部分可以按住 Shift 键。

步骤 36：进行加选，可以用快捷键 Ctrl+Delete 填充上红色。3 块完成加选，将图层一和图层三进行合并，如图 4-42 所示。

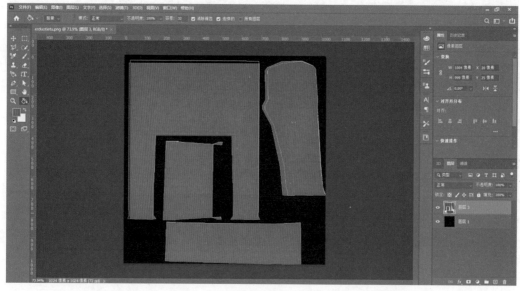

图　4-42

步骤 37：将前期制作好的贴图放进 PS 软件中。打开文件夹，直接把贴图拖入 PS 软件，如图 4-43 所示。

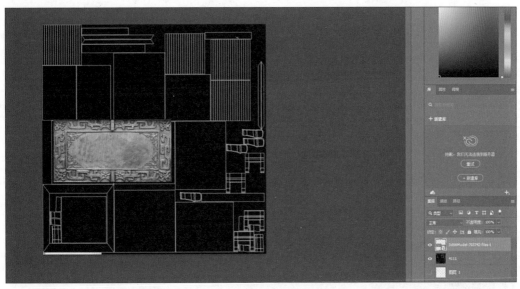

图 4-43

步骤 38：将贴图旋转 90°，然后单击打开上方任务栏的 "显示变换控件"，如图 4-44 所示。

☑ 显示变换控件

图 4-44

步骤 39：选择一块贴图，与左侧的红色色块对齐，把 "不透明度" 降低，按住 Shift 键可以进行拉伸，把贴图拉伸到正常比例，这样完成第一张贴图，如图 4-45 所示。

图 4-45

步骤 40：用同样的操作，选中另一块导入的贴图，按住 Shift 键拉伸，调整比例大小，降低不透明度，如图 4-46 所示。

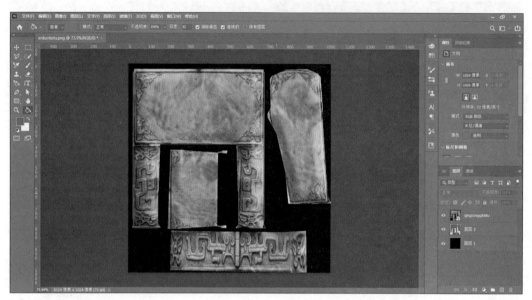

图 4-46

步骤 41：将不透明度调回 100%，略微放大一点，复制调整过的贴图，按 Ctrl+ J 组合键复制新建图层并旋转 90°。将它放到下面的红色部分，按住 Shift 键进行拉伸，降低透明度，更好调整贴图位置。

步骤 42：将剩下的一块贴图不透明度调整回 100%，整体的贴图效果就出来了，如图 4-47 所示。

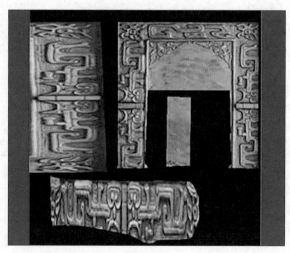

图 4-47

步骤 43：将完成的贴图保存到桌面，用快捷键 Ctrl + S。这就是一个简单的贴图制作方式。制作的是把手花纹，"保存类型"选择"png"的格式。

步骤 44：将贴图赋予到 3ds MAX 的材质上，贴到物体上，整体的效果十分不错，如图 4-48 所示。

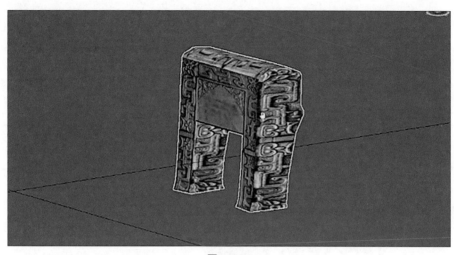

图 4-48

 技能训练

完成以上步骤后，绘制、展开青铜器文物 UV 贴图完成，"绘制、展开青铜器文物 UV 贴图"技能训练表见表 4-2。

表 4-2 "绘制、展开青铜器文物 UV 贴图"技能训练表

学生姓名		学 号		所属班级	
课程名称		实训地点			
实训项目名称	绘制、展开青铜器文物 UV 贴图	实训时间			
实训目的： 掌握绘制、展开青铜器文物 UV 贴图的方法和技巧。					
实训要求： 1. 完成青铜器文物 UV 展开的制作。 2. 进行青铜器文物纹理贴图制作。 3. 完成青铜器文物贴图渲染。					

续表

实训截图过程：			
实训体会与总结：			
成绩评定		指导老师 签名	

任务 4-3　制作青铜器文物凹凸贴图

 情境导入

　　青铜器文物是古青铜文物，它的外表有凹凸的纹路与起伏，小丁疑惑地说，那制作这样的凹凸质感是不是很困难呀？刘老师说，其实并不难哦，我们学过 Photoshop，在其中就可以快速制作凹凸贴图，制作好贴图我们回到 3ds MAX，很快就可以在鼎耳上体现出来。跟着老师的步骤一起开始吧。

 任务目标

知识目标

1. 了解制作青铜器文物凹凸贴图的基本流程。

2. 熟悉制作青铜器文物凹凸贴图的基本技巧。

3. 掌握制作青铜器文物凹凸贴图的方法。

技能目标

1. 提升学生对 3ds MAX 的应用能力。

2. 提高学生独立思考的能力。

3. 深化学生动手实践的能力。

思政目标

1. 增强学生的国家意识、社会责任感和法律意识，培养担当民族复兴大任的意识和能力。

2. 提高学生的文化素养和审美素养，培养具有人文精神和创新精神的人才。

3. 培养学生的自主学习能力和批判思维能力，提高学生的逻辑思维能力和表达能力。

 建议学时

1 学时。

 相关知识

凹凸贴图是一种用于模拟表面粗糙度和微小细节的纹理贴图，可以使表面看起来更加真实和有质感。

创建凹凸贴图的纹理图像：凹凸贴图是通过将灰度图像应用到表面法线来实现的。可以使用 Photoshop 或其他图像处理软件制作纹理图像。

在 3ds MAX 中导入纹理图像：将制作好的纹理图像导入 3ds MAX 中，并将其应用到需要添加凹凸贴图的材质上。在材质编辑器中，选择"凹凸贴图"选项，并将导入的纹理图像添加到该选项中。

调整凹凸贴图参数：在材质编辑器中，可以调整凹凸贴图的参数，如凹凸程度、细节、缩放等，以达到想要的效果。这些参数的调整可以通过修改材质编辑器中的参数值来实现。

预览凹凸贴图效果：在 3ds MAX 中，可以通过视图窗口中的"实时渲染"选项来预览凹凸贴图效果。

渲染凹凸贴图：当完成凹凸贴图的设置后，通过渲染器来生成最终的图像。

 操作步骤

步骤 1：回到 PS 中，将做好的图层合并，然后制作一个凹凸贴图，单击"任务栏→"滤镜"→"3D"→"生成法线图"，如图 4-49 所示。

步骤 2：调整一下模糊值或者是细节缩放，如图 4-50 所示，让凹凸更加明显一点，把生成的图片保存到桌面上，如图 4-51 所示。

提示：在 PS 中保存图片的快捷键是 Ctrl + Shift +Alt +S 组合键。

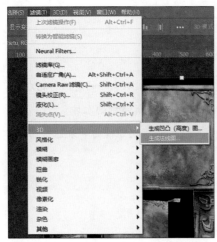

图　4-49

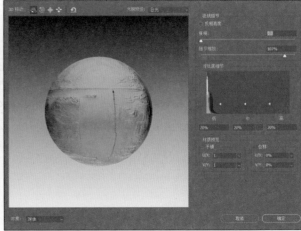

图　4-50

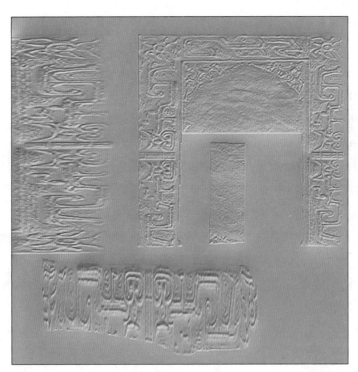

图　4-51

步骤 3：将法线凹凸图贴到"凹凸"这里，则拉一个球体，赋予其材质看看效果，去掉漫反射，如图 4-52 所示。

步骤 4：进行渲染，感受到凹凸的质感，如图 4-53 所示。

步骤 5：关闭材质编辑器，选中顶部，按 T 键。打一个"VRayLight"的光照射，如图 4-54 所示。

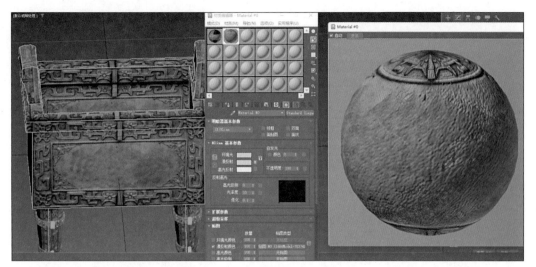

图   4-52

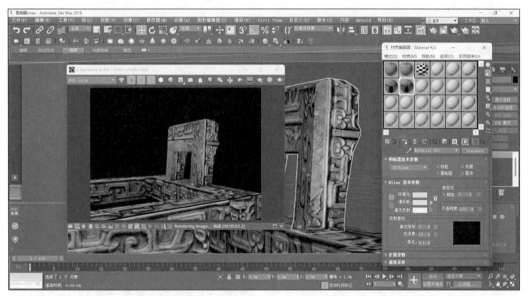

图   4-53

图   4-54

步骤6：将它移动到物体上，往上面拉一些，看一下整体的效果，如图 4-55 所示。

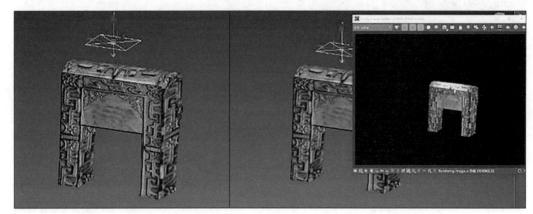

图　4-55

提示：因为刚刚在 3D 中没有打光，模型本身没有光，所以整个效果不一定能很完美、整体地出现在这里。这时候我们就要对光线进行参数的调整。

步骤7：打开渲染设置，"环境"–"GI 环境"，将 "GI" 关掉，如图 4-56 所示。

步骤8：单击渲染，使光更加明亮，如图 4-57 所示。

图　4-56

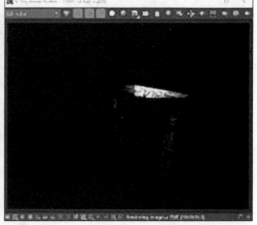

图　4-57

提示：开启了 GI 的形式，"GI 环境"，即使在不打光的情况下也是会有亮度的。

步骤9：将"发光贴图"的预设设成"非常低"，如图 4-58 所示。

步骤10：将"细分"调整为 200，"最大细分"选择 6，如图 4-59 所示。

步骤11：把"高性能光线跟踪"关掉，如图 4-60 所示。

提示：制作时先对文件进行保存，以免到时候 3D 崩溃，就比较艰难了。

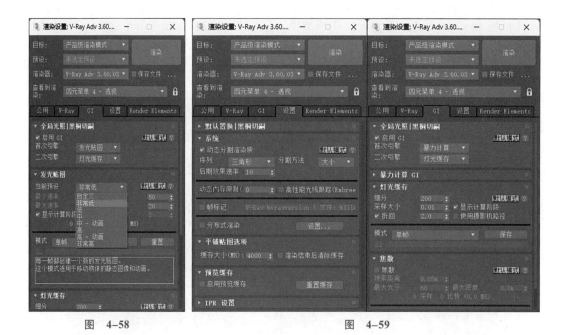

图 4-58 图 4-59

步骤 12：单击"渲染"-"渲染到纹理"，"通道"选择"2"，如图 4-61 所示。

图 4-60 图 4-61

步骤 13：添加"VRay 全部照明贴图"和"VRay 完成贴图"，如图 4-62 所示。

提示：刚刚打了光的一个效果，这一块的效果贴上去能够让 3D 文件减少灯光的使用，也能有一个光烘的效果。

步骤 14：自动展平之后，关掉添加纹理元素，选择"使用现有通道"，单击继续。

步骤 15：提示说：可能无法正确渲染，还是要使用"自动展开"进行一个渲染，如图 4-63 所示。

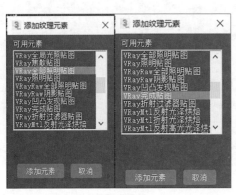

图 4-62　　　　　　　　　　图 4-63

步骤 16：打开 UVW 编辑器，看到 UVW 编辑器已经变了，不是刚刚我们展开的 UVW 的效果，如图 4-64 所示。

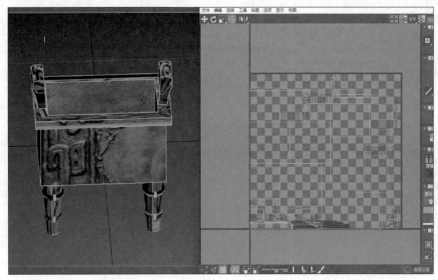

图 4-64

 技能训练

完成以上步骤后，青铜器文物凹凸贴图制作完成，"制作青铜器文物凹凸贴图"技能训练表见表 4-3。

表 4-3　"制作青铜器文物凹凸贴图"技能训练表

学生姓名		学　号		所属班级	
课程名称			实训地点		
实训项目名称	制作青铜器文物凹凸贴图		实训时间		
实训目的： 掌握制作青铜器文物凹凸贴图的方法和技巧。					
实训要求： 1. 根据青铜器文物，完成创建凹凸贴图的纹理图像。 2. 根据青铜器文物，进行凹凸贴图参数调整。 3. 根据青铜器文物，完成渲染凹凸贴图。					
实训截图过程：					
实训体会与总结：					
成绩评定			指导老师 签名		

任务 4-4　展开青铜器文物光线烘焙

 情境导入

　　任何物体在光线下都会有亮、灰、暗 3 个面的结构，我们要学习的光线烘焙，就是让光线在贴图上体现出来。这时候小丁同学提出了疑问：什么是光线烘焙呀？刘老师解答道：光线烘焙的意思就是将灯光效果定死在烘焙的那个状态，这样间接光就可以烘焙得很漂亮，同时可以省去打灯的动作。我们现在就开始吧，今天又学习到一个技术。

 任务目标

知识目标

1. 了解光线烘焙的基本含义。

2. 熟悉光线烘焙的基本使用。

3. 掌握光线烘焙的使用技巧。

技能目标

1. 能够使用 3ds MAX 软件中的材质编辑和贴图技术，包括纹理映射、光泽度、透明度、反射等材质特性。

2. 能够运用 3ds MAX 软件的灯光和渲染技术，实现真实感和艺术感的图像效果。

3. 深化学生动手实践的能力。

思政目标

1. 增强学生的国家意识、社会责任感和法律意识，培养担当民族复兴大任的意识和能力。

2. 提高学生的文化素养和审美素养，培养具有人文精神和创新精神的人才。

3. 培养学生的自主学习能力和批判思维能力，提高学生的逻辑思维能力和表达能力。

 建议学时

2 学时。

 相关知识

光线烘焙是一种用于在 3D 场景中添加实时光照的技术，相关知识点包括以下几个。

光照设置：在光线烘焙之前，需要设置场景中的光源。光线烘焙可以包括直接光和间接光的计算。直接光通常是指直接从光源到表面的光线，而间接光是指经过多次反射和折射后才到达表面的光线。

光线烘焙设置：在进行光线烘焙之前，需要设置烘焙的一些参数，如烘焙的分辨率、烘焙的范围、烘焙的光照强度等。这些设置将影响烘焙结果的质量和效率。

烘焙过程：一旦完成了上述准备工作，就可以开始进行光线烘焙了。烘焙过程通常需要花费一定的时间，具体时间取决于烘焙设置的复杂度和场景的大小。

烘焙结果应用：烘焙完成后，会生成一张或多张纹理贴图，这些纹理贴图可以被应用到场景中的模型上，以实现实时光照效果。

 操作步骤

步骤 1：选中把手，进行分光的打射，以及光线烘焙的制作。给这个鼎耳打一个灯的效果，渲染一下，如图 4-65 所示。

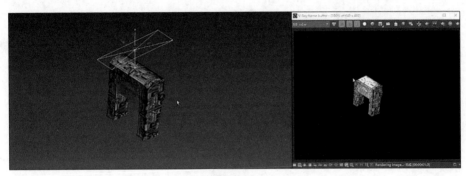

图　4-65

步骤 2：顶部有灯光效果出现，勾选"不可见"，如图 4-66 所示。

步骤 3：单击渲染，调整参数，使光线烘焙时更加快。

步骤 4："GI 环境"是需要关掉的，关掉之后整个环境会变暗，只有打灯的效果能变亮，如图 4-67 所示。

步骤 5：先开启"GI 环境"，调整一下整体的参数选择，如图 4-68 所示。

图　4-66

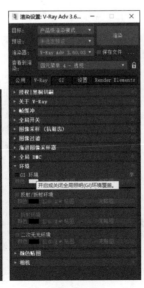

图　4-67

图　4-68

步骤6："渲染类型"选择"块"，如图 4-69 所示。

步骤7："块图像采样器"这一块的"最大细分"原本是"24"，选择"6"，如图 4-70 所示。

步骤8："灯光缓存"的"细分"选择"200"，如图 4-71 所示。

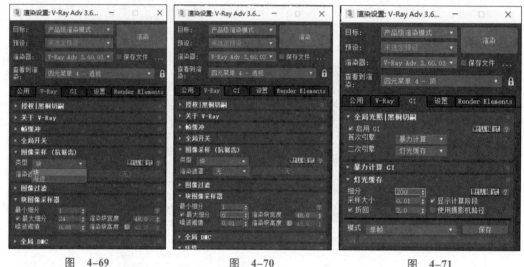

图　4-69　　　　　　　　图　4-70　　　　　　　　图　4-71

步骤9："发光贴图"选择"非常低"，如图 4-72 所示。

步骤10："高性能光线跟踪"要"关掉"，如图 4-73 所示。

步骤11：选择"渲染到纹理"，如图 4-74 所示，选择输出路径，可以放到桌面上或其他地方。

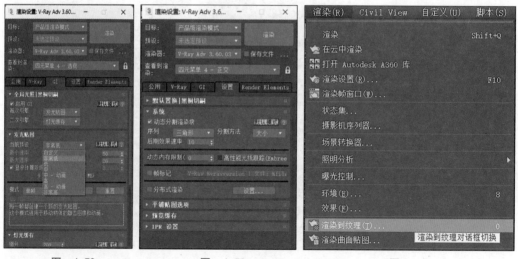

图　4-72　　　　　　　　图　4-73　　　　　　　　图　4-74

步骤 12：添加"VRay 完成贴图"，格式选择"512×512"，如图 4-75 所示。

步骤 13：格式选择"jpg"，也会让渲染速度更快一些，如图 4-76 所示。

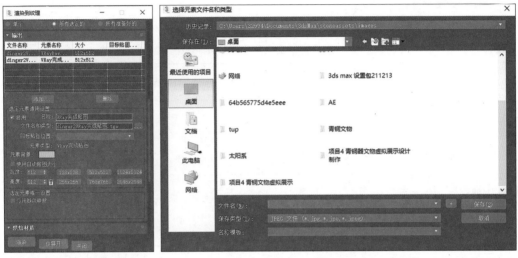

图　4-75　　　　　　　　　　　　　　　　　　　图　4-76

步骤 14：桌面上生成了一张光烘的图，我们将其替换，材质就能出现，如图 4-77 所示。

步骤 15：在打光的情况下，会过曝，将光去除掉，渲染的时候，光感还是能够出现在物体上，这就是一个光线烘焙的过程，如图 4-78 所示。

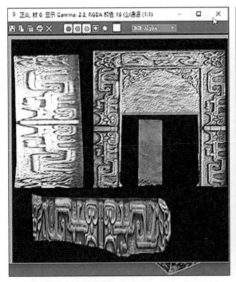

图　4-77

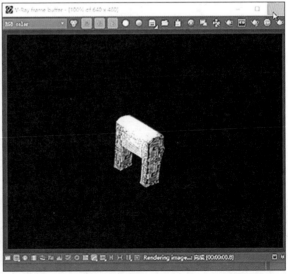

图　4-78

技能训练

完成以上步骤后，展开青铜器文物光线烘焙完成，"展开青铜器文物光线烘焙"技能训练表见表 4-4。

表 4-4 "展开青铜器文物光线烘焙"技能训练表

学生姓名		学 号		所属班级	
课程名称			实训地点		
实训项目名称	展开青铜器文物光线烘焙		实训时间		
实训目的： 掌握展开青铜器文物光线烘焙的方法和技巧。					
实训要求： 1.根据青铜器文物，完成模型光照设置。 2.进行光线烘焙设置制作。 3.完成青铜器文物烘焙结果应用。					
实训截图过程：					
实训体会与总结：					
成绩评定		指导老师 签名			

任务 4-5 整合、导出青铜器文物模型

 情境导入

现在我们的前期制作过程基本完成了，青铜器文物的整体形态、结构已经完整地展现在我们眼前，刘老师也相信大家对前期的制作过程已经熟练了。小丁举手问：那我们这节课的内容还做什么呢？刘老师说：我们需要将前期制作的模型整合到一起，并且进行导出。

 任务目标

知识目标

1. 了解模型整合和导出的基本流程。

2. 熟悉模型整合和导出的基本技巧。

3. 掌握模型整合和导出的方法。

技能目标

1. 提升学生对相关制作设备的应用能力。

2. 提高学生独立思考的能力。

3. 深化学生动手实践的能力。

思政目标

1. 增强学生的国家意识、社会责任感和法律意识，培养担当民族复兴大任的意识和能力。

2. 提高学生的文化素养和审美素养，培养具有人文精神和创新精神的人才。

3. 培养学生的自主学习能力和批判思维能力，提高学生的逻辑思维能力和表达能力。

 建议学时

1 学时。

 相关知识

在 3ds MAX 中创建一个带有贴图的模型，需要在材质编辑器中添加贴图。在添加贴图之前，需要将贴图文件准备好并保存在电脑上。

3ds MAX 支持多种贴图格式，包括 JPEG、PNG、BMP、TGA 等。在添加贴图时，需要选择相应的贴图格式。

3ds MAX 中的贴图可以应用于模型的不同部位，如表面、透明通道、反射、折射等。在添加贴图时，需要选择相应的应用方式。

3ds MAX 中的贴图可以进行缩放、旋转和平移等变换操作。在添加贴图之前，需要根据实际情况对贴图进行调整。

3ds MAX 中的贴图可以进行材质编辑，包括修改颜色、亮度、对比度等属性，以及添加其他效果如噪声、模糊等。

在导出 3ds MAX 模型时，需要选择适当的文件格式，并勾选相应的导出选项。如果需要将贴图一起导出，则需要勾选"包含贴图"选项。

常见的 3ds MAX 模型导出格式包括 3DS、OBJ、FBX 等。其中，FBX 是一种较为通用的格式，支持多种贴图材质的导出。

在导出 3ds MAX 模型时，确保贴图文件的路径与模型文件的路径相对应。如果贴图文件的路径不正确，则导出后的模型将无法正常显示贴图。

 操作步骤

步骤 1：隐藏原本的鼎耳，选中"冻结当前选择"，然后"镜像复制"光烘完成的鼎耳，将它复制到冻结的这个地方，如图 4-79 所示。

步骤 2：单击鼎耳转换为"可编辑多边形"，进行"附加"，单击另外一个鼎耳，就附加到一起了，如图 4-80 所示。

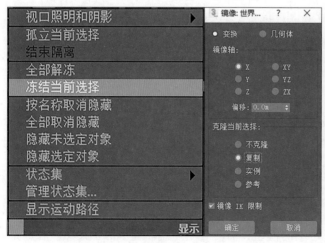

图 4-79

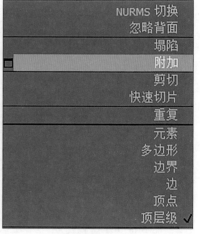

图 4-80

步骤 3：将剩下的模型全部解冻后，取消全部隐藏，现在我们选中整体之后，要将青铜器文物的下方部分与鼎耳附加到一起，如图 4-81 所示。

提示：现在进行一个附加，然后要选择"匹配材质到材质 ID"，这样我们的材质才不会进行转换，如图 4-82 所示。

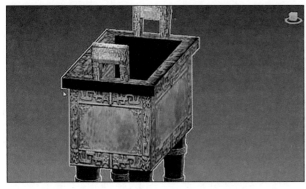

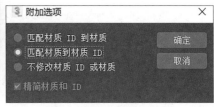

图　4-81　　　　　　　　　　　　　　图　4-82

步骤 4：旋转、观察一下，进行导出，单击"导出选定对象"，命名为"青铜器文物"，如图 4-83 所示。

步骤 5："嵌入的媒体"要勾选，这样贴图图层和 FBX 一起导出，如图 4-84 所示。

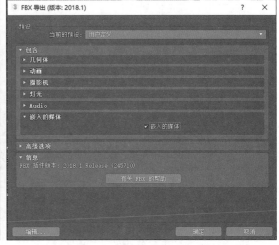

图　4-83　　　　　　　　　　　　　　图　4-84

 技能训练

完成以上步骤后，整合、导出青铜器文物模型完成，"整合、导出青铜器文物模型"技能训练表见表 4-5。

表 4-5 "整合、导出青铜器文物模型"技能训练表

学生姓名		学 号		所属班级	
课程名称		实训地点			
实训项目名称	整合、导出青铜器文物模型	实训时间			
实训目的： 掌握整合、导出青铜器文物模型的方法和技巧。					
实训要求： 1. 根据青铜器文物，选择适当的文件格式。 2. 导出青铜器文物，勾选相应的导出选项。 3. 完成导出青铜器文物模型材质。					
实训截图过程：					
实训体会与总结：					
成绩评定		指导老师 签名			

任务 4-6　创建场景、制作 UI 及绕物相机

任务 4-6　创建场景、
制作 UI 及绕物相机

任务 4-7　制作青铜器文物交互设计

任务 4-7　制作青铜
器文物交互设计

青铜器文物交互设置 1

青铜器文物交互设置 2

项目 5
坦克 AR 交互设计制作

　　我国军事领域对虚拟现实技术的应用非常重视，其中包括增强现实技术。例如我国使用 AR 技术来训练士兵进行各种装备的维修和保养。这些虚拟训练使士兵可以更好地了解设备的构造和功能，并且可以减少对实物设备的磨损。AR 技术可以通过增强现实图像和声音来模拟不同的战场场景，使士兵更好地理解和应对各种战术和战略情况（图 5-1）。

图 5-1　坦克 AR 交互设计

📖 项目提要

　　本项目需要读者在掌握 Unity 软件、XDreamer 插件的基础命令和了解坦克 AR 交互设计制作的基本知识的基础之上，进行坦克 AR 交互设计制作，了解坦克 AR 交互设计制作的基本流程，掌握坦克 AR 交互设计制作的方法与技巧，并利用 3ds MAX、Unity 等软件来完成本项目案例。

项目思维导图

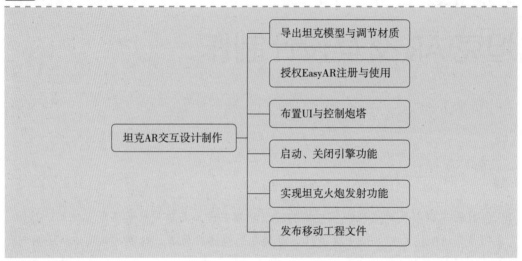

建议学时

11 学时。

任务 5-1 导出坦克模型与调节材质

 情境导入

张老师带领同学们观看了国庆阅兵式，看着一排排英姿焕发的男兵和英姿飒爽的女兵迈着整齐、有节奏、有秩序的步伐，一辆辆先进的坦克从天安门广场开过，那壮观的场面使同学们深深地感到祖国的强大。小王同学问张老师：这么庞大又威武的坦克车，我们能不能用软件来进行制作呢？张老师回答：当然啦！在本任务的课程中，我们会对坦克模型进行深入了解与制作。相信当同学们学习完成以后，都可以制作一个属于自己的坦克！

 任务目标

知识目标

1. 了解导出坦克模型与调节材质的基本流程。

2. 熟悉导出坦克模型与调节材质的基本技巧。

3. 掌握导出坦克模型与调节材质的方法。

技能目标

1. 提升学生对导出坦克模型与调节材质的软件应用能力。

2. 提高学生独立思考的能力。

3. 深化学生调节材质软件设计的能力。

思政目标

1. 增强学生的国家意识，培养担当民族复兴大任的意识和能力。

2. 提高学生的文化和审美素养，培养具有人文和创新精神的人才。

3. 培养学生的创新意识和实践能力，促进学生的综合素质提高。

 建议学时

2 学时。

 相关知识

　　学习利用 Unity 软件、XDreamer 的工具库、状态机展开交互设置，进行导出坦克模型与调节材质。

 操作步骤

　　步骤 1：打开 Unity 软件，导入素材文件包中 XDreamer 的软件工具，通过资源导入自定义找到 XDreamer 的软件包，软件加载进来后单击导入。

　　步骤 2：加载资源导入我们的第三库，导入资源包。

　　提示：导入资源库会弹出对话框，不用都去选择，将 EasyAR 资源包导进来就行了。

　　步骤 3：在 XDreamer 的根节点属性中，找到插件管理，将模块勾选，把 EasyAR 的勾选打开，单击导入即可，如图 5-2 所示。

　　提示：现在已经把所有需要的组件添加完成，XDreamer 的交互工具以及 EasyAR 的第三方资源包都已导入成功。

　　步骤 4：打开案例库中坦克模型，在 3ds MAX 中调整，分别为爆炸前和爆炸后。确保坦克组件都是单独的模型并对它进行交互旋转，如图 5-3 所示。

　　提示：可参考示例模型，在 3ds MAX 里已经通过父连接把它连接好了，只要在 Unity 里面去旋转，做好父子集模型的节点，子节点就会跟着旋转。

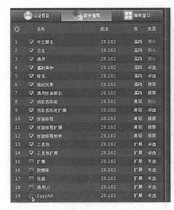

图 5-2

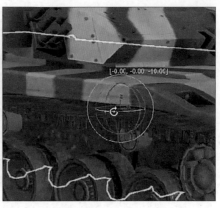

图 5-3

步骤 5：通过绑定工具，将炮塔和火炮连接。

提示：它们就产生了一个父子关系连接。紧接着再旋转时，火炮就会跟着炮塔一起旋转。

步骤 6：将坦克每一个轮子都起好名字（L1~L8），如图 5-4 所示。

步骤 7：使用 3ds MAX 快捷移动工具。

提示：可以把坦克的履带以 UI 动画的形式展现出来，这样看起来这个坦克就能真正动起来了。

步骤 8：把爆炸后模型的炮台和车身由两部分合并到同一个模型，如图 5-5 所示，导出坦克模型。

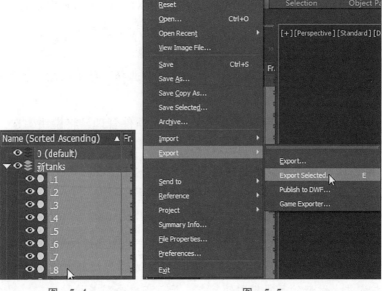

图 5-4 　　　　　　图 5-5

提示：它们的轮子和履带都不需要动。

步骤 9：双击 Unity，新建工程选中场景，单击工程目录，新建 "AR" 工程文件。

步骤 10：选择项目的文件夹，把贴图、UI、shader 以及用于识别卡片的图片，拖进新建的 AR 文件夹。

提示：返回到编辑器里面，它会重新加载一次。shader，主要用于透明阴影。

步骤 11：复制目录，回到 3ds MAX 里，把新坦克选中，将文件导出，把我们刚才复制的目录粘贴过来（注意要把动画选项去掉）。

提示：回到 Unity 查看一下，提示是有一张贴图需不需要翻转，选择翻转。我们可以通过这个小窗口先看一下有没有这个模型问题，有问题就再次调整（平滑程度需要注意），没问题就继续导入。

步骤 12：把坦克全部选中并给它添加平滑度，如图 5-6 所示。

提示：坦克的机车有棱有角，如果自动添加平滑以后，会看起来不太舒服，然后选自动平滑，你会发现有的模型就会有棱角，这时候可以把它的平滑度稍微调高一点。

步骤 13：将轮子选中，把它的平滑度设置调大一点，再重新导出一次，如图 5-7 所示。

提示：如果感觉某个模型条受关联的话，把关联去掉，然后把数值再调小一点，让有棱有角的模型棱角分明，有圆形弧度的就圆滑一点。

步骤 14：添加材质，场景里面多出一个材质球的文件夹，如图 5-8 所示。

提示：可以把这辆坦克先拖过来看一看，在没有被平滑度影响太多的情况下，再进行下一步。

步骤 15：把炸毁效果的模型导入，用 3ds MAX 里面的材质球调整一下材质，把破损的坦克先隐藏。

提示：回到 Unity 再次检查，现在还是提示法线的问题，直接把它翻转就可以。

步骤 16：把坦克的自发光选项打开，坦克就变得亮起来，调整高光属性，如图 5-9 所示。

图 5-6

图 5-7

图 5-8

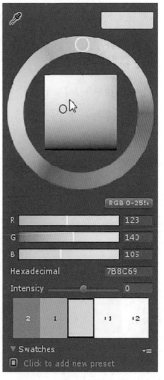

图 5-9

提示：坦克不是一个金属质感特别强的设备，所以不要调太亮，甚至默认的颜色可以稍微暗一点，我们可以通过放置的自发光图片来控制它的亮度，甚至可以让它的颜色再稍微偏绿一些，那么坦克已经设置好了，然后设置其他材质。

图 5-10

步骤 17：把履带改成透明属性，选择自发光弹射，贴上它的基本贴图，调节法线的强度，如图 5-10 所示。

提示：如果有时候发现它效果并不好的话，那是因为灯光没有照亮，没有高光的话，法线就看着不是很明显。

步骤 18：找到轮子的材质球批量更改，把材质球的反光去掉，如图 5-11 所示。

图 5-11

提示：因为这个轮子是金属的，它并不像汽车轮毂那样亮，所以可以单独再设置一个材质稍微调整一下。

步骤 19：打开破损的模型，将两个材质的颜色调得接近一点，如图 5-12 所示。

提示：因为场景里面只有一盏灯，有它的背面，如果说它的背面看不见，灯光照不到就感觉特别黑，这样会影响效果，稍微让它亮一点。

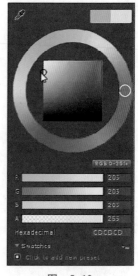

图 5-12

 技能训练

完成以上步骤后，导出坦克模型与调节材质完成，"导出坦克模型与调节材质"技能训练表见表 5-1。

表 5-1 "导出坦克模型与调节材质"技能训练表

学生姓名		学　号		所属班级	
课程名称			实训地点		
实训项目名称	导出坦克模型与调节材质		实训时间		
实训目的： 掌握导出坦克模型与调节材质的方法和技巧。					
实训要求： 1. 根据项目的要求，正确创建 XDreamer。 2. 在状态机内，完成导入坦克模型与调节材质。 3. 根据要求，完成导出坦克模型与调节材质。					
实训截图过程：					
实训体会与总结：					
成绩评定		指导老师 签名			

任务 5-2　授权 EasyAR 注册与使用

 情境导入

　　课堂上，张老师运用 AR 技术模拟真实的地球场景，将科学知识更直观、立体地呈现给学生，让学生身临其境地感受到了科学的魅力，使课堂教学更生动、有趣，教学过程中，学生们参与兴趣高涨，不断发出学有所悟的赞叹声。老师和学生们共同饱览了 AR 技术的奇妙，领略了技术与学科融合的高效课堂！小王同学问张老师：我们如何利用软件才能制作这么奇妙的交互呢？张老师回答：在这个任务中我们学习 EasyAR 注册授权与使用，到时同学们能正确地去使用 EasyAR 制作各种各样的交互。

任务目标

知识目标

1. 了解授权 EasyAR 注册与使用的基本流程。

2. 熟悉授权 EasyAR 注册与使用的基本技巧。

3. 掌握授权 EasyAR 注册与使用的方法。

技能目标

1. 提升学生对 EasyAR 注册授权与使用的软件应用能力。

2. 提高学生独立思考的能力。

3. 深化学生使用软件设计的能力。

思政目标

1. 增强学生的国家意识，培养担当民族复兴大任的意识和能力。

2. 提高学生的文化和审美素养，培养具有人文和创新精神的人才。

3. 培养学生的创新意识和实践能力，促进学生的综合素质提高。

建议学时

2 学时。

相关知识

学习利用 Unity 软件、XDreamer 的工具库进行授权 EasyAR 注册与使用。

操作步骤

步骤 1：设置识别图，拉进 XDreamer 资源库图片，选中图片，在图片的属性里，勾选一个可读取的属性，如图 5-13 所示。

图 5-13

提示：要识别一些图像去生成一个模型，可以在这个组件中去实现。先选中它，然后看右侧的属性，如果图片是自定义的，就把这张图拍好照片之后放到资源里，把图拖过来就好了。

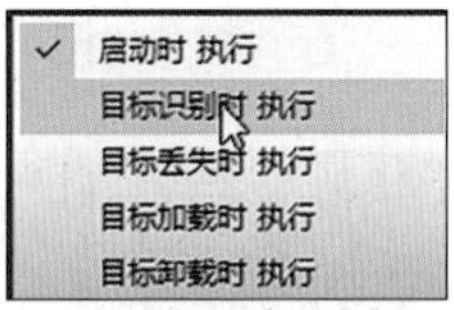

图 5-14

步骤 2：在脚本事件列表里，只选择"目标识别时 执行"，单击加号，创建一个事件，如图 5-14 所示。

提示：这个事件就是当摄像头扫描到图片识别以后要执行的功能，现在可以通过中文脚本的形式，把模型在识别的时候显示出来。

步骤 3：将坦克的模型拖到"目标图像识别"的组件下面，把缩放值和目标识别调成"1"，如图 5-15 所示。

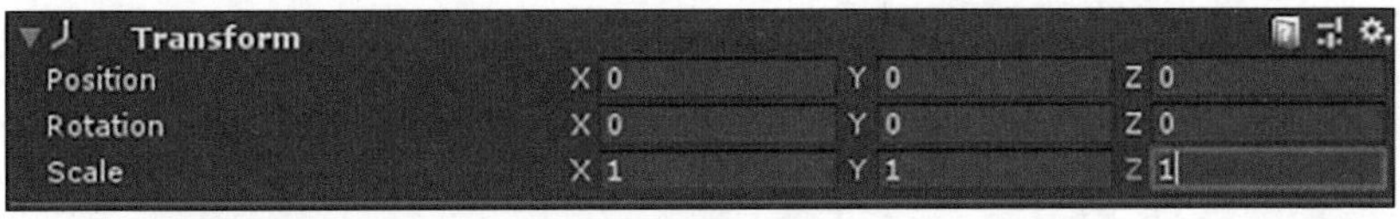

图 5-15

提示：当缩放值是"0"时，坦克就会消失不见，完成步骤时坦克模型就已经变成目标图像识别的子集了。

步骤 4：选择"图像目标识别"，在目标识别、执行时输入执行命令参数。

步骤 5：单击铅笔编辑，弹出 XDreamer 脚本查看器。

步骤 6：找到"游戏对象激活"的功能，导入坦克模型。

步骤 7：选择确定激活，如图 5-16 所示。

提示：当摄像头识别到对应图像后，就会执行游戏对象激活，把坦克的模型显示出来。

步骤 8：打开 EasyAR 的官网主页注册账户，单击"许可密钥"，选择"订阅"的类型。

步骤 9：在"文件编辑与发布与设置"选择"运行设置"，设置项目名称，获取密钥。

步骤 10：到 Unity 的资源列表里找到 EasyAR 的文件夹，在对话框填入密钥，如图 5-17 所示。

图 5-16

图 5-17

提示：应用名称，下面有 iOS 和安卓的 ID，这个 ID 需要跟 Unity 匹配，如果不匹配就使用不正确。

步骤 11：把坦克模型缩小 0.2，把"X、Y、Z"轴都设成 0.2，模型变成 1/5，如图 5-18 所示。

步骤 12：把 "X" 轴旋转 90°，如图 5-19 所示。

图 5-18   图 5-19

提示：如果想知道当前图像扫描出来的模型位置，可以通过选择目标图像识别，右击，选择 3d，创建一个平面。

 技能训练

完成以上步骤后，授权 EasyAR 注册与使用完成，"授权 EasyAR 注册与使用" 技能训练表见表 5-2。

表 5-2 "授权 EasyAR 注册与使用" 技能训练表

学生姓名		学　号		所属班级	
课程名称			实训地点		
实训项目名称	授权 EasyAR 注册与使用		实训时间		
实训目的： 掌握授权 EasyAR 注册与使用的方法和技巧。					
实训要求： 1. 根据项目的要求，正确创建 EasyAR。 2. 添加脚本事件，实现图像识别功能。 3. 根据要求，完成授权 EasyAR 注册与使用。					
实训截图过程：					
实训体会与总结：					
成绩评定		指导老师 签名			

任务 5-3　布置 UI 与控制炮塔

情境导入

　　张老师上课时给同学们欣赏坦克对战影片片段。坦克火力凶猛，在恶劣条件下依旧能驰骋疆场，素有"陆战之王"的美誉。同学们纷纷被影片中的场景所震撼，同学小王问张老师：我们能否利用软件来制作威武的坦克呢？张老师回答：在本任务的课程中，将会针对布置 UI 与控制炮塔来进行学习，相信到时候同学们都可以灵活运用与实现！

任务目标

知识目标

1. 了解布置 UI 与控制炮塔的基本流程。

2. 熟悉布置 UI 与控制炮塔的基本技巧。

3. 掌握布置 UI 与控制炮塔的方法。

技能目标

1. 提升学生对布置 UI 与控制炮塔的软件应用能力。

2. 提高学生独立思考的能力。

3. 深化学生软件设计的能力。

思政目标

1. 增强学生的国家意识，培养担当民族复兴大任的意识和能力。

2. 提高学生的文化和审美素养，培养具有人文和创新精神的人才。

3. 培养学生的创新意识和实践能力，促进学生的综合素质提高。

建议学时

2 学时。

相关知识

　　学习利用 Unity 软件、XDreamer 的工具库、状态机展开交互设置，进行布置 UI 与控制炮塔。

操作步骤

步骤1：创建画布转到 2D 面板，把画布设置的透明度调到最低，在画布上右键创建一个 UI，选择按钮，创建按钮，给它找一个合适的位置，把大小设置成正方形，如图 5-20 所示。

提示：现在设置坦克交互以及 UI，那么有个问题就是坦克匹配 AR 识别的话，把坦克旋转了 90° 后，你会发现在做交互的时候，它始终是侧着的角度，控制它会特别麻烦，那应该怎么办呢？在目标识别的组件上，把它沿 X 轴旋转 90°，模型就是正常状态了。

步骤2：第一个按钮设置为旋转炮塔，把 UI 格式调整一下，设置成 2D 和 UI 的模式，应用按钮设置为旋转炮塔，文字设置得大一点，如图 5-21 所示。

提示：UI 的按钮可以换成和字体一样的颜色，这样看起来会比较统一，色卡信息复制，找到按钮色卡粘贴，这就是第一个按钮的设置过程。

步骤3：复制一份后启动引擎，更改文字，如图 5-22 所示。

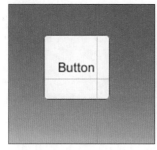 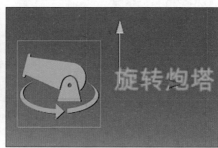 

图 5-20　　　　　　　图 5-21　　　　　　　图 5-22

步骤4：启动引擎复制一个进行备注，关闭引擎，将文本和 Logo（标识）更改，按钮的图片同样，如图 5-23 所示。

提示：如果 UI 都是一样的颜色的话，后期调整起来就会更加方便。

步骤5：将按钮再复制一份为火炮开火，把 UI 文本替换一下，如图 5-24 所示。

步骤6：复制遇袭爆炸，更改遇袭爆炸的文本，同时把 UI 更换，如图 5-25 所示。

提示：现在可以去把 UI 整体的位置稍微调一下，把它放到左侧居中的位置，方便单击触发，大小位置设置为适当即可。

步骤7：新建状态机，更改状态机名称，如图 5-26 所示。

提示：把 AR 交互逻辑设置好，一个新的状态机就创建好了。

步骤8：把场景切换为 3D 编辑模式，找到坦克模型，将模型显示出来，如图 5-27 所示。

图 5-23

图 5-24

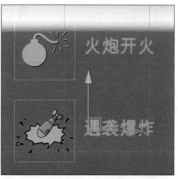

图 5-25

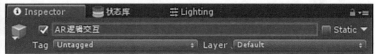

图 5-26

提示：制作旋转炮塔，需要单击按钮，才能触发坦克炮塔旋转的动作。

步骤 9：在状态库里找到按钮，单击，再双击，备注旋转火炮。

步骤 10：用"任意"元素把它连接，把它的属性设置成旋转火炮，在状态库里找到动作旋转双击，拖进炮塔模型。

步骤 11：设置旋转属性参数，沿着"Y"轴向旋转 45°，设置 3 秒钟进行连接，如图 5-28 所示。

图 5-27

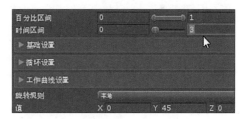

图 5-28

提示：坦克的模型可以通过卡片移动去控制坦克的位置，接着把它旋转过来，单击旋转炮塔的 UI 测试，每单击一次，坦克旋转 45°。

 技能训练

完成以上步骤后，布置 UI 与控制炮塔完成，"布置 UI 与控制炮塔"技能训练表见表 5-3。

表 5-3　"布置 UI 与控制炮塔"技能训练表

学生姓名		学　号		所属班级	
课程名称			实训地点		
实训项目名称	布置 UI 与控制炮塔		实训时间		
实训目的： 掌握布置 UI 与控制炮塔的方法和技巧。					
实训要求： 1. 根据项目的要求，正确创建 UI 图标。 2. 在状态机内，完成相应交互指令设置。 3. 根据要求，完成布置 UI 与控制炮塔。					
实训截图过程：					
实训体会与总结：					
成绩评定			指导老师 签名		

任务 5-4　启动、关闭引擎功能

 情境导入

　　张老师带领学生们参观体验国防科技展厅"坦克演示"展项，对坦克外形形成初步认知，让学生在体验展品、探究实验等过程中了解坦克装甲新材料的性质及新材料在日常生活中的应用，培养学生的科学探究能力、科学思维及勇于探索的科学品质。同学小王问张老师：老师，我们能不能利用软件来制作坦克呢？张老师回答：在我们本任务的课程中，将会针对了解启动、关闭引擎功能的基本流程和技巧来进一步完善。

任务目标

知识目标

1. 了解启动、关闭引擎功能的基本流程。

2. 熟悉启动、关闭引擎功能的基本技巧。

3. 掌握启动、关闭引擎功能的方法。

技能目标

1. 提升学生对启动、关闭引擎功能的软件应用能力。

2. 提升学生独立思考的能力。

3. 深化学生调节材质软件设计的能力。

思政目标

1. 增强学生的国家意识，培养担当民族复兴大任的意识和能力。

2. 提升学生的文化和审美素养，培养具有人文和创新精神的人才。

3. 培养学生的创新意识和实践能力，促进学生的综合素质提升。

 建议学时

2 学时。

 相关知识

学习利用 Unity 软件、XDreamer 的工具库、状态机展开交互设置，实现启动、关闭引擎功能。

 操作步骤

步骤 1：将坦克的轮子和履带同时复制、粘贴，然后用任意连接，把火炮旋转改成启动引擎，对它的按钮进行替换，换成启动引擎的 UI，后旋转，将它修改为车轮自转，如图 5-29 所示。

提示：下面实现启动引擎的功能，启动引擎就是要让坦克的轮子和履带动起来。

步骤 2：将坦克的轮子都加进来，设置自转轴向为 Z 轴向，把它的 Z 轴向设置为 360°，时间设置为两秒，即两秒的时间旋转 360°。

图 5-29

步骤 3：依次单击两个交互按钮将其连接，在车轮旋转中有一个循环设置选项，默认值为"无"，这里我们将其改成"循环"，如图 5-30 所示。

图　5-30

提示：可以通过批次处理一次性把所有的轮子都导入，把履带拖过来，现在所有的车轮都已经倒下来，但是要注意的是要把节点的履带剪进去，这样一边 8 个轮子都能导入。

步骤 4：在 XDreamer 第三方的组件里，找到编辑窗口的工具包，单击选中 UV 平移，再把场景里履带的模型拖过去，X 轴数据显示为 0.2，Y 轴显示为 0，如图 5-31 所示。

图　5-31

步骤 5：将 Y 轴向改成 0，履带的 UV 平移的速度较慢，将 X 轴调成 0.5，如图 5-32 所示。

图　5-32

提示：单击启动引擎，若轮子发生变化了，说明轮子的轴向不对，要重新设置轴向。

步骤 6：进入游戏场景时，将履带的形态禁用，找到新的组件控制，在状态库组件启用区间，双击，使用组件启用区间，在交互初始时就将履带 UV 平移的功能停用，把 UV 平移拖过来，选择添加，选中第二个 UV 移动，在它的选项里全部改成"否"，如图 5-33 所示。

图　5-33

提示：看看履带能不能在识别的时候不动，只有单击启动的时候，才执行这个动作，否则刚扫描出模型履带就在动，而轮子没有动，看起来就会觉得不正常。

步骤 7：单击启动引擎时，复制组件改成动画，履带动画开启，如图 5-34 所示。

提示：这样就有了两个组件。当我们单击启动引擎的时候，履带的动画组件就会开启，车轮会进行自转。

步骤 8：单击按钮，复制一份粘贴，双击，将它改为关闭引擎，将"任意"按钮与"关闭引擎"按钮连接，设置它的按钮，如图 5-35 所示。

图 5-34

图 5-35

提示：实现关闭引擎的功能，关闭引擎就是和当前的状态相反，关闭引擎需要做的就是把车轮停下来，并把履带也停下来。

步骤 9：单击状态库里的状态操作，设置状态速度远近，再创建一个状态速度的组件，双击，停止车轮旋转，如图 5-36 所示。

提示：通过列表可以选中车轮自转，然后用关闭引擎把它连接起来，那么后面就只有一个参数速度，现在是默认设置的参数，把它设成 0，车轮就不转了，把它连到"退出"。

步骤 10：将组件再复制一次，双击修改，备注，将速度再调成 1。当启动引擎时，把车轮速度打开，如图 5-37 所示。

图 5-36

图 5-37

提示：如果先单击了启动，又单击了关闭引擎，之后再想启动的话，那么这个时候车轮是不会转的，因为之前已经把车轮的速度调成 0 了。

步骤 11：将车轮停止，履带动画关闭的参数需要把它设置为不激活，可以把这个组件直接连到初始化的位置，如图 5-38 所示。

提示：先看一下履带是否在动，履带和轮子都没有动，启动引擎就开始运作，关闭引擎就停止运作，这才是我们想要的效果。

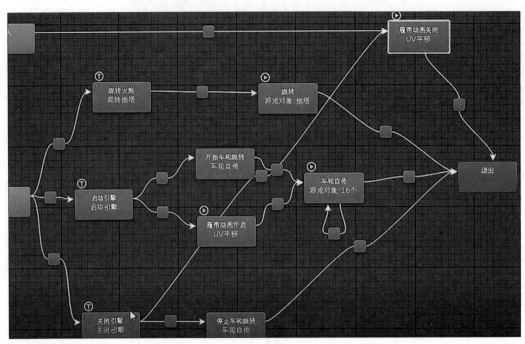

图 5-38

 技能训练

完成以上步骤后，启动、关闭引擎功能完成，"启动、关闭引擎功能"技能训练表见表 5-4。

表 5-4 "启动、关闭引擎功能"技能训练表

学生姓名		学 号		所属班级	
课程名称			实训地点		
实训项目名称	启动、关闭引擎功能		实训时间		
实训目的： 掌握启动、关闭引擎功能的制作方法和技巧。					
实训要求： 1. 根据项目的要求，设置车轮转动参数。 2. 在状态机内，完成相应交互指令设置。 3. 根据要求，完成引擎功能的启动、关闭。					

续表

实训截图过程：			
实训体会与总结：			
成绩评定		指导老师 签名	

任务 5-5   实现坦克火炮发射功能

任务 5-5   实现坦克
火炮发射功能

任务 5-6   发布移动工程文件

任务 5-6   发布移动
工程文件

XDreamer 软件与
第三方库加载

发布安卓移动端

项目 6
汽车互动体验制作

　　汽车设计模拟制造在虚拟现实中的应用可以帮助汽车设计师更快速、更精确地设计和制造汽车（图6-1）。虚拟现实可以提供逼真的图形和环境，让设计师在虚拟现实中更好地看到汽车外观设计的细节和效果。此外，虚拟现实还可以提供不同的光线、材质和颜色选项，在虚拟现实中进行测试和修改，以确保设计在现实中的表现和预期一致，让设计师快速地预览不同的设计选择，以便作出最终的决策。

图6-1　汽车互动体验

📖 项目提要

　　本项目需要读者在掌握Unity软件、XDreamer插件的基础命令和了解汽车互动体验的基本知识的基础之上，进行汽车互动体验制作，了解汽车互动体验制作的基本流程，掌握汽车互动体验制作的方法与技巧，并利用3ds MAX、Unity等软件来完成本项目案例。

项目思维导图

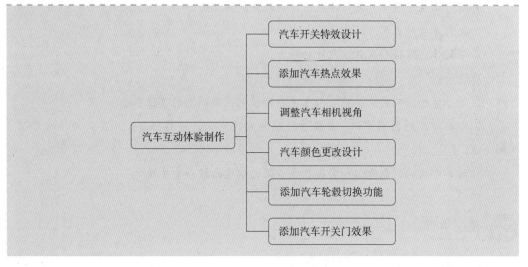

建议学时

10 学时。

任务 6-1 汽车开关灯特效设计

 情境导入

张老师带领同学们来到汽车体验馆，以丰富汽车的文化，实现人、车、文化的有机结合，汽车模型深深地吸引了同学们的注意力。同学小文问张老师：这么美的汽车，我们能不能利用软件进行模拟制作呢？张老师回答：在本任务的课程中，将会针对汽车交互进行学习，到时每个同学都可以制作出高质的汽车模型，放心，你肯定会掌握汽车交互技术的。

 任务目标

知识目标

1. 了解汽车开关灯特效设计的基本流程。

2. 熟悉汽车开关灯特效设计的基本技巧。

3. 掌握进行汽车开关灯特效设计的方法。

技能目标

1.提升学生对汽车开关灯特效设计的软件应用能力。

2.提升学生独立思考的能力。

3.深化学生路径动画软件设计的能力。

思政目标

1.培养学生正确的世界观、人生观和价值观，提高思想道德水平。

2.增强学生的国家意识、社会责任感和法律意识，培养担当民族复兴大任的意识和能力。

3.培养学生的创新意识和实践能力，促进学生的综合素质提升。

 建议学时

1 学时。

 相关知识

学习利用 Unity 软件、XDreamer 的工具库、状态机展开交互设置，进行汽车开关灯特效设计。

 操作步骤

步骤 1：打开 Unity 软件，安装 XDreamer，创建一个空的工程制作交互，在画布 Canvas 里给各交互功能编辑名称。

提示：名称以 Toggle 结尾的都是用 Toggle 创建的。

步骤 2：创建 UI，右击"UI"→"Toggle"生成组件，单击"Background"更改图片，如图 6-2 所示。右边竖列是一排 Toggle，如图 6-3 所示。

步骤 3：了解交互的逻辑，在运行程序时是不会显示轮胎的，单击轮胎的"Toggle"按钮，弹出轮胎样式的 UI，如图 6-4 所示。

提示：在 UI 里有许多像热点介绍这样的面板。在每个面板上都有一个小按钮，单击这个按钮就能关闭。把它们隐藏起来，如图 6-5 所示，在运行程序时便不会显示。

图 6-2

图 6-3

图 6-4   图 6-5

步骤 4：在画板中单击"汽车"→"发光车灯"，如图 6-6 所示。控制激活发光组件和非激活发光组件的车灯就可以模拟开关灯效果。

提示：默认初始化状态时，不需要打开车灯也不需要显示车轮样式的 UI。

步骤 5：单击"新建状态机"按钮，弹出界面后单击"确定"按钮，如图 6-7 所示，创建新的状态机。

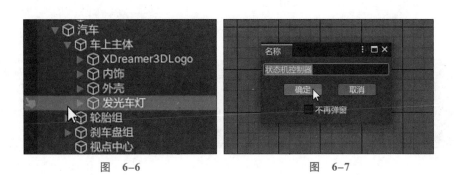

图 6-6   图 6-7

步骤 6：修改状态机名称，双击进入，如图 6-8 所示。

步骤 7：使用状态库里的游戏对象激活组件，修改初始化状态为"否"进行隐藏。单击"常用"→"游戏对象激活"，如图 6-9 所示。

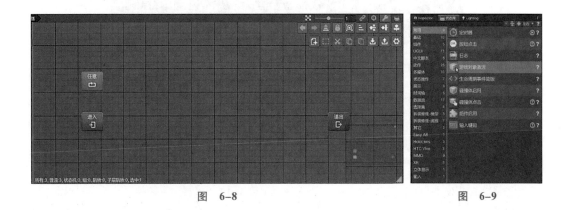

图 6-8   图 6-9

步骤 8：创建游戏对象激活的组件，双击游戏对象激活组件，如图 6-10 所示。

步骤 9：把发光车灯组件拖进"批量处理对象"后的属性框里，如图 6-11 所示。

步骤 10：把"进入激活"改成"否"，如图 6-12 所示。

图 6-10　　　　　　　　　　　　　　图 6-11

步骤 11：在程序运行时，将"进入"连接到"游戏对象激活"，如图 6-13 所示，便不会显示车灯亮的组件。

提示：组件里面有灯光，它关闭或隐藏相当于车灯灭掉。修改名称为"隐藏模型"，在初始化状态程序进入时把灯光隐藏。

步骤 12：找到画布面板，有一个"车轮选择面板"，如图 6-14 所示。

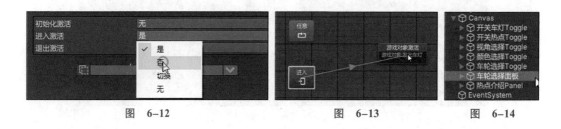

图　6-12　　　　　　　　　图　6-13　　　　　　　　图　6-14

步骤 13：在初始化状态下隐藏汽车车灯组件，把 UI 里的"车轮选择面板"拖到"批量处理对象"后面的属性框里，如图 6-15 所示。

图　6-15

提示：一个组件可以隐藏多个物体，不管是 UI 还是模型，都可以用这个组件去管理。

步骤 14：在"状态库"里找到"UGUI"组件，单击"Toggle 切换"组件，如图 6-16 所示。

步骤 15：双击创建好的"Toggle 切换"，如图 6-17 所示。

步骤 16：把"开关车灯 Toggle"组件拖到"Toggle 控件"后面的属性框中，如图 6-18 所示。

步骤 17：选择"游戏对象激活"，把汽车"发光车灯"组件拖到"批量处理对象"后面的属性框中，如图 6-19 所示。

图 6-16

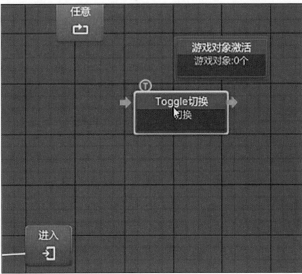

图 6-17

图 6-18

图 6-19

步骤 18：把"进入激活"的模式改成"是"，如图 6-20 所示，修改"游戏对象激活"和"Toggle"切换的名字，改为"开灯"和"开关灯切换"。

图 6-20

步骤 19：把"开灯"和"开关灯切换"用"状态机"连接起来，如图 6-21 所示，单击"开关切换"。

步骤 20：灯光的"开关切换"触发类型是切换，如图 6-22 所示。单击它时灯光便会显示出来。

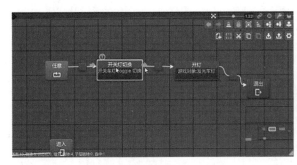

图 6-21

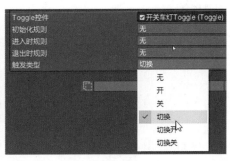

图 6-22

147

提示：进入场景后单击开关按钮车灯亮，若想把车灯关闭该怎么办呢？方法一：把 Toggle 组件的设置改为切换开。方法二：再添加一个组件，把它们复制，设置为切换关，如果是关的状态，把开灯组件的"激活状态"改成否。方法三：设置"游戏状态激活"组件，把"进入激活"的类型改为切换。

 技能训练

完成以上步骤后，汽车开关灯特效设计完成，"汽车开关灯特效设计"技能训练表见表 6-1。

表 6-1　"汽车开关灯特效设计"技能训练表

学生姓名		学　号		所属班级	
课程名称			实训地点		
实训项目名称	汽车开关灯特效设计		实训时间		
实训目的： 掌握汽车开关灯特效设计的方法和技巧。					
实训要求： 1. 根据项目的要求，正确创建 UI。 2. 在状态机内，完成开关车灯 Toggle 的交互指令设置。 3. 根据要求，完成汽车开关灯特效设计。					
实训截图过程：					
实训体会与总结：					
成绩评定			指导老师 签名		

任务 6-2　添加汽车热点效果

 情境导入

　　在汽车体验馆内，同学小文向张老师提出了一连串的问题：发动机在哪里呢？引擎盖的作用是什么呢？张老师回答：在本任务的课程中可以利用软件里的热点功能进行模型的交互，到时你就能了解到汽车各个部位对应的功能、特点等。本任务会以更加直观的方式让你了解到汽车各个零件的作用，解答你的各种疑惑。

 任务目标

知识目标

1. 了解添加热点功能效果的基本流程。

2. 熟悉添加热点功能效果的基本技巧。

3. 掌握添加热点功能效果的方法。

技能目标

1. 提升学生对添加热点功能效果的软件应用能力。

2. 提升学生独立思考的能力。

3. 深化学生路径动画软件设计的能力。

思政目标

1. 引导学生树立正确的人生目标，树立追求真理、追求卓越、追求人民幸福的志向。

2. 提升学生的文化素养和审美素养，培养具有人文精神和创新精神的人才。

3. 培养学生的自主学习能力和批判思维能力，提升学生的逻辑思维和表达能力。

 建议学时

1 学时。

 相关知识

　　学习利用 Unity 软件、XDreamer 的工具库、状态机展开交互设置，添加汽车热点效果。

操作步骤

步骤 1：选中 XDreamer 组件，在右侧属性里找到"编辑窗口"→"工具库"，如图 6-23 所示。

步骤 2：打开工具库的面板，如图 6-24 所示。

图 6-23

图 6-24

步骤 3：在工具库的面板里找到"标注"，如图 6-25 所示。

提示：这里有两个热点功能：一个是"移入提示热点"，一个是"点击提示热点"。

步骤 4：单击"点击提示热点"创建"点击提示热点"，如图 6-26 所示，将工具库关闭。

提示：在创建热点提示时会自动新增对应的 UI，此 UI 的作用是在单击热点时弹出，默认创建完的一组会关联。

步骤 5：找到热点工具库，通过选择单击提示热点前的"√"显示热点在哪里，如图 6-27 所示。

图 6-25   图 6-26   图 6-27

提示：这是热点工具，可以给它改名字，如将该热点放到车顶，针对该 UI，系统会自动创建一个提示 UI。如果暂时不用该 UI 可以把它删掉。接着我们用热点介绍里面的 UI。

步骤 6：第一个热点放在发动机上，将车顶改名为发动机，单击缩放工具，如图 6-28 所示。把热点移动到汽车引擎盖的位置，再次缩放。

图 6-28

提示：热点创建成功之后并不是匹配所有场景的，要适当缩放。

步骤 7：在热点属性下有弹出 UI，需设置弹出 UI 属性，把发动机的配置 UI 拖到
"弹出 UI"后面的属性框里，如图 6-29 所示。

图　6-29

步骤 8：做完一个热点将它复制（可多复制几个以完成热点备用），把它放到不同
位置。如将发动机复制改名为底盘轮胎移动到车轮的位置，进行属性修改。将弹出 UI
的位置改为底盘与轮胎介绍，如图 6-30 所示。

图　6-30

步骤 9：再复制一个热点将它放到车顶改名为车身。车身热点已复制，再关联新的
UI，如图 6-31 所示。

图　6-31

步骤 10：做后视镜的热点时，按 Ctrl+D 组合键将组件复制并改名为后视镜。将
热点移动到后视镜位置。找到后视镜热点拖到"弹出 UI"后面的属性框中，如图 6-32
所示。

图　6-32

提示：可以一边移动一边调整视角，按 F 键放大。

步骤 11：做车身钥匙配置时，将复制的备用热点修改名称属性为钥匙。将组件移
动到车门把手位置，再把钥匙配置拖到弹出 UI，如图 6-33 所示。

图 6-33

步骤 12：在 UI 里放置一张图片，将所有配置 UI 展开。按住 Ctrl 键将所有关闭按钮选中，如图 6-34 所示。

提示：单击类型热点的特点是，单击它之后，关闭它时不用点 ×，单击空白处就可以自动收起。除以上热点方式外，还有一种方式是光标移入就显示、移出就隐藏。

步骤 13：创建 Toggle 切换功能，单击右侧的"状态库"，选择"UGUI"，单击找到"Toggle 切换"，如图 6-35 所示。

图 6-34   图 6-35

步骤 14：双击 Toggle 组件看属性，将开关热点 Toggle 组件拖到"Toggle 控件"后面的属性框中，如图 6-36 所示，它的"触发类型"是切换。将"任意"按钮与"Toggle 组件"按钮连接改名为切换热点开关。完成后单击该热点图标时显示它，再次单击时关闭。

步骤 15：单击"状态库"→"常用"→"游戏对象激活"，如图 6-37 所示。

图 6-36   图 6-37

步骤 16：将"点击提示热点"组件拖到"批量处理对象"后面的属性框中，如图 6-38 所示，"触发类型"是切换，用状态机把它连接起来。

步骤 17：热点运行时是不显示的，在初始化运行时将它改成非激活状态。在初始化进入时，双击"隐藏模型"组件，将"点击提示热点"组件拖到"批量处理对象"后面的属性框中，如图 6-39 所示。做完后程序执行时不显示热点。

包含自身	
运行时查找对象	
选择类型	游戏对象
批量处理对象	None (Game Object) 包含 成员
▼对象集	选择对象 去除重复 无效对象

图 6-38

包含自身	
运行时查找对象	
选择类型	游戏对象
批量处理对象	None (Game Object) 包含 成员
▼对象集	选择对象 去除重复 无效对象

图 6-39

提示：单击 Toggle 热点切换按钮，热点就会显示。默认没有显示，将"进入激活"的状态改成切换后，再次单击热点就隐藏。

 技能训练

完成以上步骤后，添加汽车热点效果完成，"添加汽车热点效果"技能训练表见表 6-2。

表 6-2 "添加汽车热点效果"技能训练表

学生姓名		学　号		所属班级	
课程名称			实训地点		
实训项目名称	添加汽车热点效果		实训时间		
实训目的： 掌握添加热点功能效果的方法和技巧。					
实训要求： 1. 根据项目的要求，正确创建"移入提示热点"。 2. 在状态机内，完成相应交互指令设置。 3. 根据要求，完成汽车热点效果的添加。					
实训截图过程：					
实训体会与总结：					
成绩评定		指导老师 签名			

任务 6-3　调整汽车相机视角

 情境导入

在汽车体验馆内，同学们争先恐后地想坐进汽车的驾驶位，体验驾驶的快乐。同学小文问张老师：我们制作的模型也可以进入驾驶室吗？张老师回答：当然可以啦，只需要在模型中放置相机并对相机视角进行调整，就可以切换到汽车外以及正副驾驶室的位置。我想你一定也迫不及待地要进入调整汽车相机视角的学习中了吧。

 任务目标

知识目标

1. 了解调整汽车相机视角的基本流程。

2. 熟悉调整汽车相机视角的基本技巧。

3. 掌握调整汽车相机视角的方法。

技能目标

1. 提升学生对切换相机视角的软件应用能力。

2. 提升学生独立思考的能力。

3. 深化学生路径动画软件设计的能力。

思政目标

1. 培养学生正确的世界观、人生观和价值观，提高思想道德水平。

2. 提升学生的文化和审美素养，培养具有人文和创新精神的人才。

3. 培养学生的自主学习能力和批判思维能力，提升学生的逻辑思维和表达能力。

 建议学时

2 学时。

 相关知识

学习利用 Unity 软件、XDreamer 的工具库、状态机展开交互设置，调整汽车相机视角。

操作步骤

步骤 1：在该场景里需要创建一个相机。选中"相机"组件，单击"定点相机"，如图 6-40 所示，把相机激活。移动到驾驶室位置。按 Ctrl+Shift+F 组合键可在选择相机的状态下将它对齐。

提示：原有场景只有一个绕物相机。定点相机指在原地不动的相机。

步骤 2：设置相机的属性，单击定点相机，将裁切面"Near"的数值设小，如图 6-41 所示，按 Alt+E 组合键位置调整。

图 6-40

图 6-41

步骤 3：单击"Toggle 切换"创建"Toggle 切换"按钮，如图 6-42 所示。

步骤 4：双击"Toggle 切换"按钮，选择 Toggle 拖到"Toggle 控件"后面的属性框中，如图 6-43 所示，把触发类型改为切换。

图 6-42

图 6-43

步骤 5：单击"状态库"→"常用"→"生命周期事件简版"，如图 6-44 所示。

步骤 6：双击"生命周期事件简版"按钮，编辑代码，如图 6-45 所示。

图 6-44

图 6-45

步骤 7：在代码里找到"相机"，单击"切换相机（按名称）"，将相机名称切换到"定点相机"，如图 6-46 所示。单击"确定"→"关闭"，改名为定点相机。

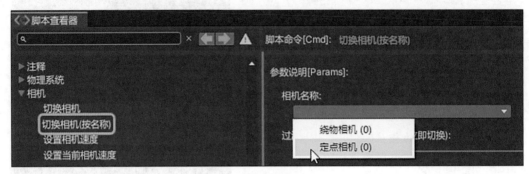

图 6-46

步骤 8：单击切换时，如果它是开的状态，就会切换到定点相机，将"Toggle 切换"和"定点相机"连接，如图 6-47 所示。

步骤 9：将"Toggle 切换"和"定点相机"复制、粘贴，如图 6-48 所示。

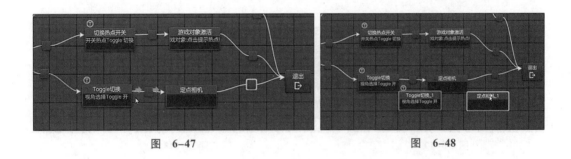

图 6-47   图 6-48

步骤 10：前面的"Toggle 切换"触发类型改成"切换开"，如图 6-49 所示。

步骤 11：后面的"Toggle 切换"触发类型改成"切换关"，如图 6-50 所示。

图 6-49   图 6-50

步骤 12：切换关时将定点相机的属性改成绕物相机，如图 6-51 所示，两个状态会发生变化，名称改为绕物相机。

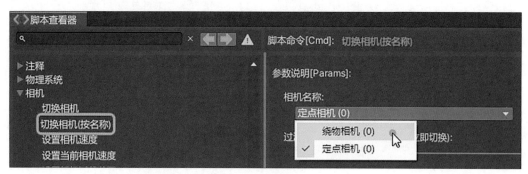

图　6-51

步骤 13：将"Toggle 切换"和"定点相机"连接，如图 6-52 所示。

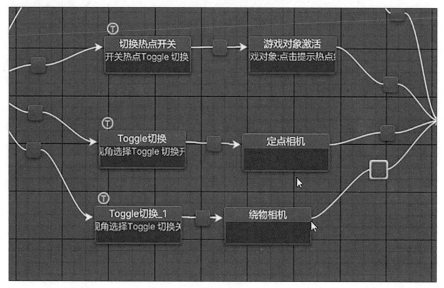

图　6-52

提示：操作完成后，如果是切换开将会执行定点相机功能；如果是切换关将会执行绕物相机功能。

 技能训练

完成以上步骤后，调整汽车相机视角完成，"调整汽车相机视角"技能训练表见表 6-3。

表 6-3 "调整汽车相机视角"技能训练表

学生姓名		学　号		所属班级	
课程名称			实训地点		
实训项目名称	调整汽车相机视角		实训时间		
实训目的： 掌握调整汽车相机视角的方法和技巧。					
实训要求： 1.根据项目的要求，正确创建定点相机。 2.在状态机内，完成开关车灯 Toggle 的交互指令设置。 3.根据要求，完成汽车相机视角的调整。					
实训截图过程：					
实训体会与总结：					
成绩评定		指导老师 签名			

调整汽车相机视角
制作

任务 6-4　汽车颜色更改设计

情境导入

汽车体验馆内展览着各种颜色、各种样式的汽车。同学们都围绕在一辆非常炫酷、全身绿色的跑车旁。同学小文问张老师：我们制作的模型能不能更改颜色呢？张老师回答：完全可以，并且可以按照自己的喜好来更改汽车的颜色。你可以建造一个独属于自己的汽车模型。在此过程中，你能体验到建模的趣味。

任务目标

知识目标

1. 了解汽车颜色更改设计的基本流程。

2. 熟悉汽车颜色更改设计的基本技巧。

3. 掌握进行汽车颜色更改设计的方法。

技能目标

1. 提升学生汽车颜色更改设计的软件应用能力。

2. 提升学生独立思考的能力。

3. 深化学生路径动画软件设计的能力。

思政目标

1. 增强学生的国家意识，培养担当民族复兴大任的意识和能力。

2. 提升学生的文化和审美素养，培养具有人文和创新精神的人才。

3. 培养学生的创新意识和实践能力，促进学生综合素质的提升。

建议学时

2 学时。

相关知识

学习利用 Unity 软件、XDreamer 的工具库、状态机展开交互设置，进行汽车颜色更改设计。

操作步骤

步骤1：将做好的功能编组，选中开关灯编组并修改组的名称为开关灯。选中切换热点开关编组并修改组名称为热点。选中切换视角相机编组并修改名称为切换视角。

步骤2：选择"XDreamer"→"编辑窗口"→"工具库"，如图6-53所示。

步骤3：在"工具库"里添加调色板功能，在"渲染器"里找到"调色板"，单击调色板，如图6-54所示。

图　6-53

图　6-54

提示：在2D面板下编辑调色板位置，将其位置调至右上角。

步骤4：打开调色板功能，在调色板功能上选择close贴图，如图6-55所示。

图　6-55

步骤5：选中调色板，在属性下看它的元素。到汽车模型的组件里找到汽车主体，选中汽车外壳的模型组件，如图6-56所示。

提示：修改哪些元素（模型）的颜色，便可以把它拖过来。汽车外壳模型组件一共有5个组件：左前门、左后门、右前门、右后门、车身。

步骤6：面板默认开启，稍做调整就会有效果。将调色板功能上的小锁头先解锁，如图6-57所示。

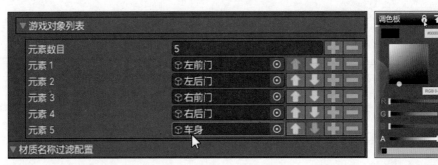

图　6-56

图　6-57

提示：解锁后面板就是动态的，单击收起按钮可收起，再次单击便弹开，单击"+"可添加喜欢的颜色。使用 Toggle 调色盘按钮来实现它的关闭。

步骤 7：双击车门会发现车门是一个多维材质。运用调色板的功能将四个材质改成需要的颜色。改变车漆的黄色材质球，如图 6-58 所示，所有的颜色都能跟着改变。

提示：如将汽车改成红色，当镜头调到车内时，车身内部、后视镜的颜色也发生了改变。

步骤 8：材质球的名字叫"Car02_Body_Mat"，选中调色板组件，修改"材质名称过滤关键字"为"Body"如图 6-59 所示。

提示：五个模型作为材质，只修改了材质名称含 Body 字符的材质球，其他不变，即只要材质球包含 Body 的名称，就可修改颜色。

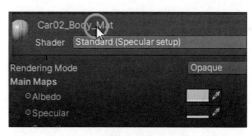

图 6-58

图 6-59

步骤 9：在创建的状态库里找到"UGUI"→"Toggle 切换"，如图 6-60 所示。

步骤 10：创建组件并双击修改名称为开启调色板。将颜色选择 Toggle 拖到"Toggle 控件"后面的属性框中，如图 6-61 所示。

图 6-60

图 6-61

步骤 11：将"触发类型"改成切换。将"任意"按钮与该按钮连接。在状态库里找到"常用"→"游戏对象激活"，如图 6-62 所示。

步骤 12：把调色板组件拖到批量处理对象后面的属性中，如图 6-63 所示。将"进入激活"模式改成切换，"触发类型"改成切换。

步骤 13：在隐藏模型进入的状态里将调色板的组件拖到"批量处理对象"后面的属性框中，如图 6-64 所示，这样初始状态就不会显示调色板功能了。

图 6-62

图 6-63　　　　　　　　　　　　　图 6-64

 技能训练

完成以上步骤后，汽车颜色更改设计完成，"汽车颜色更改设计"技能训练表见表 6-4。

表 6-4　"汽车颜色更改设计"技能训练表

学生姓名		学　号		所属班级	
课程名称			实训地点		
实训项目名称	汽车颜色更改设计		实训时间		
实训目的： 掌握完成汽车颜色更改设计的方法和技巧。					
实训要求： 1.根据项目的要求，正确创建调色板。 2.在状态机内，完成颜色更改的交互指令设置。 3.根据要求，完成汽车颜色更改设计。					
实训截图过程：					
实训体会与总结：					
成绩评定			指导老师 签名		

任务 6-5　添加汽车轮毂切换功能

任务 6-5　添加汽车
轮毂切换功能

任务 6-6　添加汽车开关门效果

任务 6-6　添加汽车
开关门效果

项目 7
数字孪生——机械结构虚拟设计制作

机械结构虚拟设计制作是一种基于三维虚拟的机械结构的模拟仿真。随着机械设计工业的快速发展，对机械内部结构组成单元复杂的现象逐渐冒头。为了更好地解决机械设计工业发展道路上的一系列衍生问题，结合虚拟现实技术和视景仿真技术，提出一种基于 Unity 交互软件的三维虚拟设计，更好地向用户表达完整的、清晰的机械结构。

📖 项目提要

本项目需要读者在掌握 Unity 交互基础命令和了解机械结构的基本知识的基础之上，进行机械结构虚拟设计制作，了解 Unity 交互设计的基本流程，掌握制作机械结构交互的方法与技巧，并利用 Unity 等软件来完成本项目案例。

🖥 项目思维导图

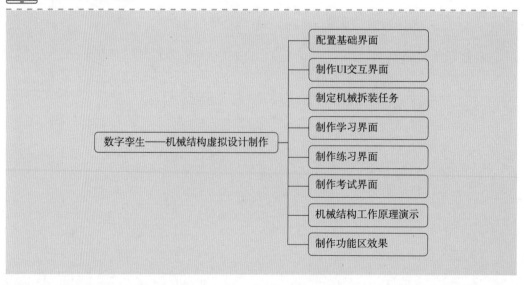

建议学时

10 学时。

任务 7-1　设置基础界面

情境导入

刘老师为了减轻同学们学习上的压力，带着同学们去游乐场玩卡丁车，同学小李对卡丁车的刹车制动很好奇。小李问刘老师：我们能不能将卡丁车的刹车盘单独做一个模拟呢？刘老师回答：在本任务的课程中，将会针对 Unity 交互设计制作进行学习，到时每个同学都可以制作出 Unity 交互设计，放心，你肯定会掌握 Unity 交互设计制作技术的。

任务目标

知识目标

1. 了解配置基础界面的基本流程。

2. 熟悉配置基础界面的基本技巧。

3. 掌握配置基础界面的方法。

技能目标

1. 提升学生对 Unity 交互设计的软件应用能力。

2. 提升学生独立思考的能力。

3. 深化学生 Unity 交互软件设计的能力。

思政目标

1. 培养学生正确的世界观、人生观和价值观，提高思想道德水平。

2. 增强学生的国家意识、社会责任感和法律意识，培养担当民族复兴大任的意识和能力。

3. 培养学生的自主学习能力和批判思维能力，提升学生的逻辑思维和表达能力。

建议学时

1 学时。

相关知识

配置准确的基础界面，相关知识点包括以下两个。

完成准确布局（Layout）：在 Canvas 上排列 UI 元素的方式被称为布局。Unity 提供了许多布局选项，如水平布局、垂直布局等，可以根据需要选择合适的布局方式。

展开事件系统（Event System）：事件系统是用于处理用户输入事件的组件。例如，当用户单击一个按钮时，事件系统会检测到这个事件，并触发相应的响应操作。

 操作步骤

步骤 1："打开场景"，从"模型资源包"中拖动模具模型放入界面右下方的"项目"菜单中"模具文件"子集的"00 模型 Model"文件夹，然后按住左键不放将其拖动至右上方"层级"内，如图 7-1 所示。

图　7-1

步骤 2：单击"层级"栏，在该界面中找到"相机"，单击，在界面右侧找到 XDreamer "相机"的"检查器"界面，选择"Legacy Camera Manager Provider（脚本）"下侧的"启用旧版相机"，如图 7-2 所示。

步骤 3：单击"工具库"栏，在左侧"全部"下方找到"相机（旧版）"，在右侧找到"绕物相机"，单击，以创建旧版绕物相机，如图 7-3 所示。

图 7-2

图 7-3

步骤 4：在"层级"中找到"相机"，打开相机的子集选择"绕物相机"，找到"Directional Light"，按住左键不放拖动方向光"Directional Light"，灯光位于绕物相机子节点，如图 7-4 所示。

步骤 5：在"层级"中"绕物相机"的子集里找到"相机实体控制器"并打开，找到其子集"Camera"，再在屏幕右侧"检查器"中找到"背景"属性，将右侧色块颜色调整为深蓝色，操作界面如图 7-5 所示。

图 7-4

步骤 6：在屏幕右侧"检查器"界面找到"相机组件"，单击，找到"相机背景幕布"，这里选择"模型背景幕布"，单击创建"相机背景幕布"，如图 7-6 所示。

图 7-5

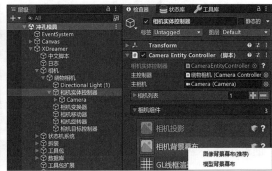
图 7-6

步骤 7：在屏幕左下角找到"项目"栏，找到里面的"模具"文件，单击找到里面的"00 材质 Material"子文件，右击右侧空白处，弹出白色选择区域，找到"创建材质"，单击"创建材质"并将其重命名为"相机背景"，如图 7-7 所示。

步骤 8：在界面右侧单击"检查器"，在其中找到"shader"，这里选取"Unlit/Texture"类型，即可创建不受光线影响的相机幕布平面材质效果，修改参数，如图 7-8 所示。相机幕布平面材质效果如图 7-9 所示。

图 7-7

图 7-8

图 7-9

步骤9：回到"层级"栏找到"相机"，单击，打开相机的子集"绕物相机"，找到"Directional Light"方向光，在屏幕右侧修改"检查器"，在"Light"栏内找到"阴影类型"，在右侧框内选择"无阴影"，修改参数，如图7-10所示。

步骤10：单击"工具库"，在右侧找到"渲染器"，选择"Gizmo渲染器"，单击"创建游戏对象"，如图7-11所示。

图 7-10

图 7-11

步骤 11：完成上述操作后会生成"Gizmos 渲染器组"，单击该组找到"Gizmo 渲染器"，位置如图 7-12 所示。

步骤 12：单击"Gizmo 渲染器"后，将其改名为"视角中心"，如图 7-13 所示。

图　7-12

图　7-13

步骤 13：按住左键不放拖动"视角中心"到模具子层级后，在屏幕右侧"检查器"中将其位置确定为"模型中心"，设置为"绕物相机主目标"，如图 7-14 所示。

完成操作后效果如图 7-15 所示。

图　7-14

图　7-15

 技能训练

完成以上步骤后，设置基础界面完成，"设置基础界面"技能训练表见表 7-1。

169

表 7-1　"设置基础界面"技能训练表

学生姓名		学号		所属班级	
课程名称			实训地点		
实训项目名称	设置基础界面		实训时间		
实训目的： 掌握设置基础界面的方法和技巧。					
实训要求： 1. 根据项目内容，完成项目模型的导入。 2. 根据项目内容，展开绕物相机的设置。 3. 根据项目内容，完成设置基础界面制作。					
实训截图过程：					
实训体会与总结：					
成绩评定		指导老师 签名			

任务 7-2　制作 UI 交互界面

 情境导入

　　通过任务 7-1 的学习，我们已经非常直观地了解了该项目的前期工作。必须尽可能完善前期工作，从而在接下来的 Unity 学习中，更好地进行整个 Unity 项目的制作。

任务目标

知识目标

1.了解制作 UI 交互界面的基本流程。

2.熟悉制作 UI 交互界面的基本技巧。

3.掌握制作 UI 交互界面的方法。

技能目标

1.提升学生对 Unity 交互设计的软件应用能力。

2.提升学生独立思考的能力。

3.深化学生 Unity 交互软件设计的能力。

思政目标

1.培养学生正确的世界观、人生观和价值观，提高思想道德水平。

2.增强学生的国家意识、社会责任感和法律意识，培养担当民族复兴大任的意识和能力。

3.培养学生的自主学习能力和批判思维能力，提升学生的逻辑思维和表达能力。

 建议学时

1 学时。

 相关知识

前期准备工作都已完成，现在需要进行 UI 交互界面的制作，相关知识点包括以下几个。

（1）UI 主题。在 Unity 中，可以使用 UI 主题来改变 UI 元素的外观。Unity 提供了多个内置主题，可以快速创建各种风格的 UI 界面，也可以自定义 UI 主题来满足特定需求。

（2）动画。在 Unity 中，可以使用动画来为 UI 元素添加动态效果，如淡入淡出、缩放、移动等。动画可以使 UI 界面更加生动有趣，提升用户的交互体验。

（3）屏幕适配。在开发 UI 界面时，需要考虑不同分辨率的屏幕。Unity 提供了多种屏幕适配方式，如画布缩放、锚点布局、自适应布局等，可以根据不同的需求选择合适的适配方式。

操作步骤

步骤 1：右击"层级"空白处，找到"UI"单击选中，接着单击"画板"来"创建画板"，操作如图 7-16 所示。

步骤 2：选取"画板"，在屏幕右侧找到"检查器"，单击，在修改界面找到"Image"，单击取消"光线投射目标"的选中，使其对号取消，如图 7-17 所示。

步骤 3：重复右击"层级"栏空白处，创建图像后，在屏幕右侧"检查器"中设置属性，将宽度和高度设置为 547 和 115 并将对其方向更改为"右上方"，具体参数如图 7-18 所示。

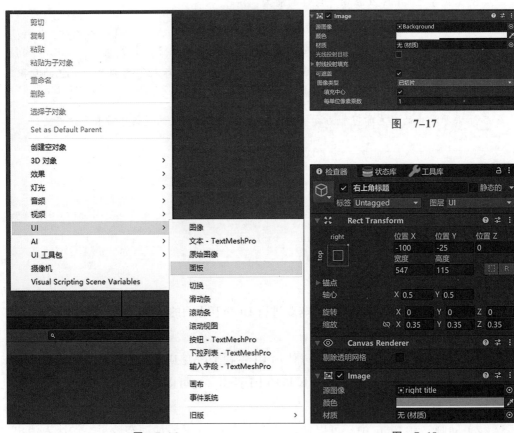

图 7-16

图 7-17

图 7-18

步骤 4：将素材包内的"right title"贴图设置给本图像，如图 7-19 所示。

步骤 5：在"层级"栏中找到"主页 UI"，右击"层级"→"Canvas"→右上角标题，创建"Text"为"主页 UI"的子层级，在创建文本后在屏幕右侧属性栏设置数据微调，具体操作如图 7-20 所示。

图 7-19

步骤6：右击"层级"空白处，单击"UI"按钮，对层级"Canvas"内元素标题进行修改，如图7-21所示。

步骤7：修改"贴图"为"SF Button"（可在项目内搜索），颜色为浅蓝色，然后创建文本为子对象，如图7-22所示。

图 7-20　　　　　　　图 7-21　　　　　　　图 7-22

图 7-23

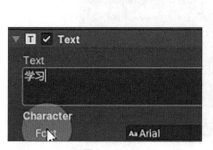

图 7-24

步骤8：修改字号为"28"，这里可以左右拖动文字大小区域直接调节大小，如图7-23所示。

步骤9：修改"Text"内容为"学习"，具体操作如图7-24所示。

步骤10：单击场景上方"3D"按钮，将其切换为"2D"模式。完成结果如图7-25所示。

步骤11：按Ctrl+D组合键复制6个"学习"按钮，排列如图7-26所示。在"层级"栏内修改名称，单击每个按钮展开，双击相应文本修改按钮内文本显示，调节大小，将上述6个按钮设置为主页UI子层级。

图 7-25

步骤12： 右击层级空白处，单击"UI"按钮修改位置为左下角，将名称属性改为"退出程序"，如图7-27所示。

步骤13： 将贴图属性改为"tinyButton Hover"，具体操作如图7-28所示。

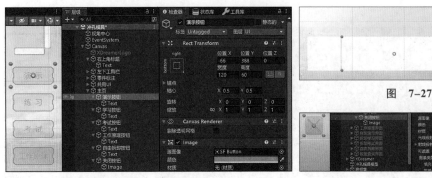

图 7-26　　　　　　　　　　　　图 7-27

图 7-28

步骤14： 创建图像为按钮子层级，位于其上方中央，贴图用"close"（可以在项目内搜索），如图7-29所示。

步骤15： 同样操作，右击"层级"空白处，单击"UI"按钮，选择"UI"图像，位于退出程序右侧，将高度增大，修改名称为左下工具栏，贴图紧贴窗口，效果如图7-30所示。

图　7-29　　　　　　　　　　　　图　7-30

步骤16： 单击"工具库"，右侧创建"Toggle"层级，将其移动到左下角功能"UI"内，具体操作如图7-31所示。

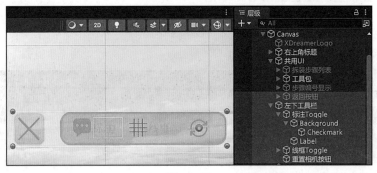

图　7-31

步骤 17：单击"层级"栏，找到刚刚创建的"Toggle"，找到其子层级"Background"，设置"Background"及"Checkmark 贴图"为"note"，位于左下角工具子层级，将"Checkmark"的"颜色"修改为浅蓝色，按 R 键后选择"Checkmark"以缩放"Checkmark"大小和"Background"一致，如图 7-32 所示。

步骤 18：更改"Toggle"名称为"Toggle- 标注"，如图 7-33 所示。

图　7-32　　　　　　　　　　　　　　　　　图　7-33

步骤 19：右击"项目"空白处选择"材质"，完成"空白处创建材质"操作，并将类型属性改为"GUI/Text Shader"，"颜色"改为"白色"，并将其赋予所有文字，防止 Unity 的问题文字内容再次变黑，具体操作如图 7-34 所示。

步骤 20：右击"层级"栏，找到左下角功能"创建按钮"，并将按钮名称属性修改为"重置相机"，修改"源图像"为重置，（单击原图像右侧内圆圈，输入名称即可找到），"颜色"改为蓝色，如图 7-35 所示。

步骤 21：按 Ctrl+D 组合键复制"主页 UI"，更改名称为其他 6 个界面名称，具体操作如图 7-36 所示。

图　7-34

图　7-35　　　　　　　　　　　　　　　　　图　7-36

步骤 22：将"关闭按钮"作为"主页 UI"子物体，如图 7-37 所示。

步骤 23：复制"退出程序"按钮，修改其名称属性为"返回按钮"，操作界面如图 7-38 所示。

图 7-37

图 7-38

步骤 24：替换"贴图"为"返回箭头"，如图 7-39 所示。

步骤 25：检查"UI 名称"及"顺序"，单击选取所有"二级界面 UI"，单击"检查器"三个字下方的箭头，隐藏所有二级 UI 界面，如图 7-40 所示。

步骤 26：单击"状态机"，在"状态机"窗口内新建一个按钮，以此创建"状态机控制器"，如图 7-41 所示。

图 7-39

图 7-40

图 7-41

步骤 27：双击"状态机控制器"进入其内部，再次单击新建按钮，创建"子状态机控制器"，并将二者分别命名为"主逻辑控制"与"主页"，如图 7-42 所示。

步骤 28：单击"状态库"，单击"常用"按钮，然后复制刚创建的总共 6 个按钮，接下来单击框选 6 个按钮，光标移动到某个按钮左侧，直到出现蓝色箭头，单击箭头拖动到进入释放创建连线，名称依次修改为"学习""练习""考试""工作原理""自由拆卸""数据查询"，如图 7-43 所示。

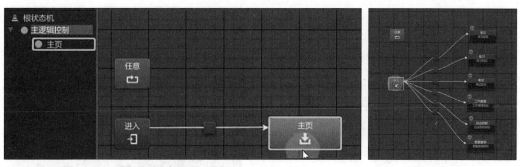

图 7-42   图 7-43

步骤29：依次选定按钮，拖动层级内对应按钮进入"检查器"，实现"状态机"内按钮与层级按钮绑定，如图7-44所示。

步骤30：在左侧单击选择"主逻辑控制"，继续新建按钮。创建其他6个二级状态机，依次改名为"学习"或"练习"等，如图7-45所示。

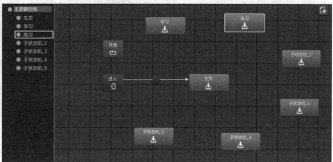

图 7-44   图 7-45

步骤31：在"主页面子状态机"内，光标移动到某个按钮右侧，直至出现蓝色箭头，按住左键不放，将其拖动到"主逻辑控制"橙色按钮上，选择对应的自场景，实现场景跳转，如图7-46所示。

步骤32：回到"主逻辑主页"及其他二级界面，调整连线，如图7-47所示。

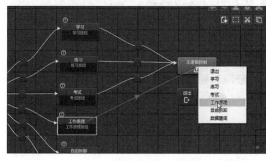

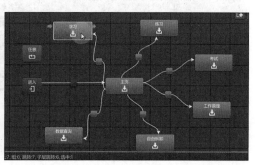

图 7-46   图 7-47

步骤 33：在"学习界面"内，创建一个"游戏对象激活"，将"学习二级界面"设置为"对象"，修改名称为"启动界面"，如图 7-48 所示。

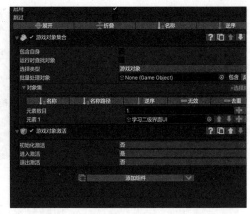

步骤 34：创建"播放按钮点击 _1"，设置"游戏对象"为返回按钮，光标悬停在此按钮上，单击右侧蓝色箭头后，按住左键不放拖动到"主控制逻辑"，选取主页面实现返回主页面功能，具体操作如图 7-49 所示。

图 7-48

步骤 35：重新在"主页面状态机"内创建"游戏对象激活"，调整名称属性为"首页 UI 控制"，按 Ctrl+D 组合键复制上述按钮，调整名称属性为"返回按钮"，将"返回首页"设置为"游戏对象"，如图 7-50 所示。

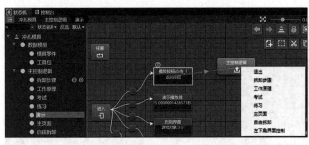

图 7-49

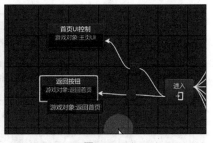

图 7-50

步骤 36：设置"主页 UI"为"游戏对象"，"调节激活"为"是""是""否"，修改后如图 7-51 所示。

步骤 37：调节"返回按钮"属性激活为"否""否""是"，如图 7-52 所示。

图 7-51

图 7-52

步骤 38：在主控制逻辑内，状态机连线修改状态，如图 7-53 所示。

步骤 39：单击"主页面"，单击选择"工具库"，如图 7-54 所示。

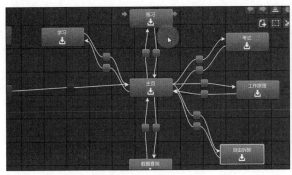

图 7-53

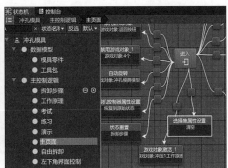

图 7-54

步骤 40：选择"工具库"，找到"状态操作"里的"状态重置"。接着在屏幕右侧"检查器"中单击"增加组件"，同样方法选择"状态重置"，在"状态"右侧列表按钮分别增加"拆卸步骤"及"工作原理"，如图 7-55 所示。

步骤 41：单击"主页面状态机"，将 6 个按钮连接到主控制器的各自界面，具体操作如图 7-56 所示。

步骤 42：单击"各子页面状态机"，光标悬停在"返回首页"按钮，出现右侧蓝色箭头按住左键不放，将其拖动到"主逻辑控制"按钮，修改弹出菜单，选择主页面，操作如图 7-57 所示。

图 7-55

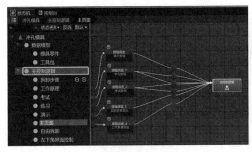

图 7-56

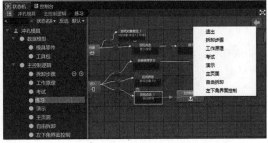

图 7-57

技能训练

完成以上步骤后，制作 UI 交互界面完成，"制作 UI 交互界面"技能训练表见表 7-2。

表 7-2 "制作 UI 交互界面"技能训练表

学生姓名		学号		所属班级	
课程名称			实训地点		
实训项目名称		制作 UI 交互界面	实训时间		
实训目的： 掌握 UI 交互界面制作的方法和技巧。					
实训要求： 1. 根据项目内容，制作平面按钮。 2. 根据项目内容，完成在状态机内交互设置。 3. 根据项目内容，制作 UI 交互界面。					
实训截图过程：					
实训体会与总结：					
成绩评定			指导老师 签名		

任务 7-3 制定机械拆装任务

 情境导入

　　一个完整的 Unity 工程除了前期准备和 UI 交互界面制作外，后续的机械拆装任务的制定也是极其关键的一环。经过之前课程的学习，小李同学对 Unity 交互软件设计更加好奇了。

任务目标

知识目标

1. 了解制定机械拆装任务的基本流程。

2. 熟悉制定机械拆装任务的基本技巧。

3. 掌握制定机械拆装任务的方法。

技能目标

1. 提升学生对 Unity 交互设计的软件应用能力。

2. 提升学生独立思考的能力。

3. 深化学生 Unity 交互软件设计的能力。

思政目标

1. 培养学生正确的世界观、人生观和价值观，提高思想道德水平。

2. 增强学生的国家意识、社会责任感和法律意识，培养担当民族复兴大任的意识和能力。

3. 培养学生的自主学习能力和批判思维能力，提升学生的逻辑思维和表达能力。

 建议学时

1 学时。

 相关知识

学习利用 Unity 软件、XDreamer 的工具、状态库完成项目零件的拆装任务。

 操作步骤

步骤 1：选取"XDreamer"，单击界面右上角的"检查器"找到"插件管理"单击选择，然后在界面中勾选"拆装"，操作界面如图 7-58 所示。

步骤 2：选取"主逻辑控制"，然后单击右上角"状态库"，单击下方"拆装 – 步骤"层级，找到屏幕右侧"拆装任务"，如图 7-59 所示。

图 7-58

181

步骤 3：创建"拆装任务状态机"，如图 7-60 所示。

步骤 4：在"拆装任务状态机"内，用同样的方法，单击"状态库"，找到"拆装 – 步骤"后，在屏幕右侧单击"拆装 – 步骤"创建状态机为"拆装步骤"，如图 7-61 所示。

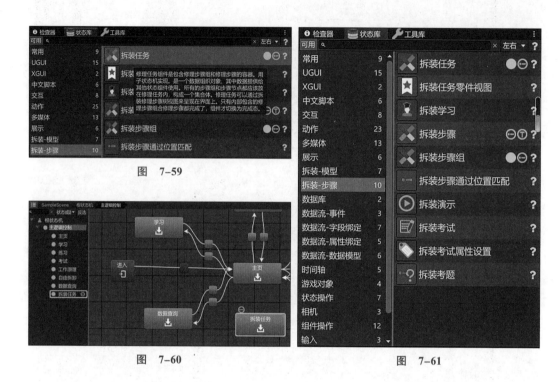

图 7-59

图 7-60

图 7-61

步骤 5：在"考试状态机"内，找到"状态库"后单击选择，找到"拆装步骤"，单击"拆装考题"创建状态机为"拆装考题"，完成操作后界面如图 7-62 所示。

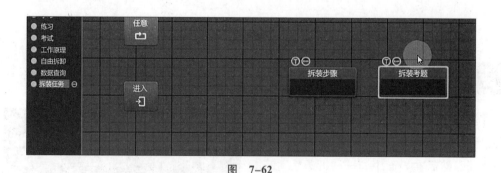

图 7-62

步骤 6：单击屏幕右上角"状态库"，找到"拆装 – 模型"后单击，然后在"状态机"的根目录下创建一个和"主逻辑控制"同级别的"根状态机"，修改名称属性为"数据模型"。然后单击选择"状态库"，在"拆装 – 模型"右侧栏内找到"背包""设备"，创建"设备"及"背包"脚本，如图 7-63 所示。

步骤 7：创建"设备"及"背包"脚本后的界面效果如图 7-64 所示。

步骤 8：单击左下角"状态机"中的"设备"，双击进入下一级界面，如图 7-65 所示。

图 7-63

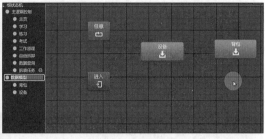

图 7-64

图 7-65

步骤 9：作为"预制件"会有各种各样的限制，这里为了解压缩预制件，单击选择模型，具体操作如图 7-66 所示。

步骤 10：单击左下角"状态库"，找到"数据模型"的子层级里的"设备"，如图 7-67 所示。

步骤 11：重复相同操作，单击"状态库"，找到"拆装模型"内的"零件"，创建"零件脚本"，双击"零件"，在层级中找到"相关零件"并将其移入右侧检查器中的"关联模型"，如图 7-68 所示。

步骤 12：继续单击"脚本窗口"，在"检查器"中创建其他的零件，如图 7-69 所示。

图 7-66

图 7-67

图 7-68

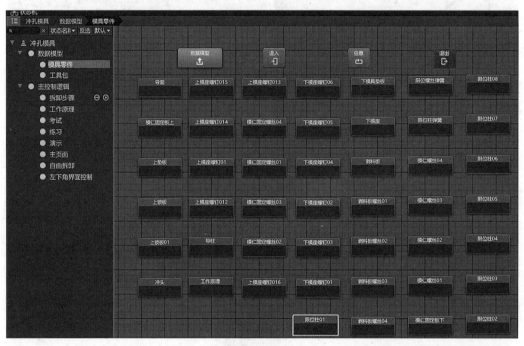

图 7-69

步骤 13：单击左下角"状态库"找到"数据模型"里的"设备"，选择每个零件，如图 7-70 所示。

步骤 14：单击"检查器"，取消"自动添加碰撞体"和"可选择"两个选项，操作界面如图 7-71 所示。

图 7-70

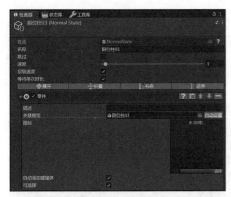

图 7-71

步骤15：单击"拆装任务"状态机，然后单击右上角"状态库"，找到"拆装步骤"内的"拆装考题"，创建一个"拆装考题"，如图7-72所示。

步骤16：完成"零件设置"和"工具设置"的调整。首先选择单击"拆装考题检查器"，找到"零件设置"，零件列表操作目录图标，以实现零件和工具的选择，如图7-73所示。

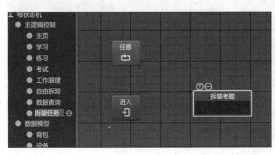

图 7-72

图 7-73

步骤17：在"层级"栏找到"扳手"，如图7-74所示。

步骤18：单击进入左下角"状态机"，找到"工具背包"，如图7-75所示。

图 7-74

图 7-75

步骤 19：单击右上角"状态库"，找到"拆装－模型"，在状态机的数据模型内找到"工具""背包"，创建两个工具脚本，如图 7-76 所示。创建完成后的界面如图 7-77 所示。

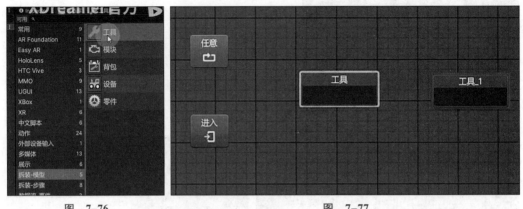

图 7-76   图 7-77

步骤 20：选择状态机刚创建的工具，在屏幕右侧"检查器"中设置"扳手工具"贴图并设置关联模型为刚才创建的"扳手"，如图 7-78 所示。

图 7-78

步骤 21：单击"层级"中的"拆装"，在屏幕右侧的"工具库"中找到"拆装"下侧的"工具包"，如图 7-79 所示。

步骤 22：直接单击"层级"找到"XDreamer"，单击"拆装"，在右侧"检查器"里找到"拆装"下册的工具包，在状态机中再添加一个工具包脚本，如图 7-80 所示。

步骤 23：单击"数据模型"找到"工具背包"，如图 7-81 所示。

步骤 24：在屏幕右侧"检查器"界面中找到"关联模型"，设置为刚才创建的"工具包"，如图 7-82 所示。

图 7-79

图 7-80

图 7-81

图 7-82

步骤 25：在"层级"中右击创建空物体，修改名称属性为"共用 UI"，将"工具包"及"返回首页"按钮作为其子对象以方便管理，完成界面如图 7-83 所示。

步骤 26：单击"层级"中的"工具包"，然后单击屏幕右侧"检查器"找到"工具包"，设置参数，如图 7-84 所示。

图 7-83

图 7-84

步骤 27：展开"层级"中的"工具包"，单击"工具包"内"Viewport"下方的"Content"，检查器参数，如图 7-85 所示。

步骤 28：重复上述操作，单击"层级"内的"Content"，在屏幕右侧"检查器"中添加"Toggle Group"，即可自动关联工具包里面的按钮，如图 7-86 所示。

图　7-85　　　　　　　　　　　　　　图　7-86

步骤 29：单击"层级"，找到"Toggle"后单击选择，在屏幕右侧"检查器"中取消选中"是开启的"，并检查其他参数，如图 7-87 所示。

步骤 30：修改"工具包"名称属性为"工具包 UI 面板"，单击"工具包 UI 面板"找到"Viewport"中的"Content"→"Toggle"→"Backgroud"→"Checkmark"，单击"Checkmark"，修改右侧"检查器"参数，如图 7-88 所示。

图　7-87　　　　　　　　　　　　　　图　7-88

步骤 31：单击其下方的"Label"参数，如图 7-89 所示。

步骤 32：单击"层级"找到"Canvas"内的"工具包 UI 面板"，修改屏幕右侧"检查器"中贴图为"Content"，如图 7-90 所示。

步骤 33：修改"工具包"子物体标题贴图，文件路径及名称如图 7-91 所示。

步骤 34：单击"状态机"找到里面的"拆装任务"，单击"状态库"内的"拆装步骤"，单击"拆装考题"，在"拆装任务"中创建一个"拆装考题脚本"，如图 7-92 所示。

步骤 35：将"拆装考题脚本"修改名称属性为"模仁固定板上"，单击"+""-"附近的列表按钮，设置零件工具，将其与"进入"连接起来。单击"拆装任务"在屏幕右侧"检查器"中，单击"+""-"附近的列表按钮，选择"时间轴播放内容"，参数修改如图 7-93 所示。

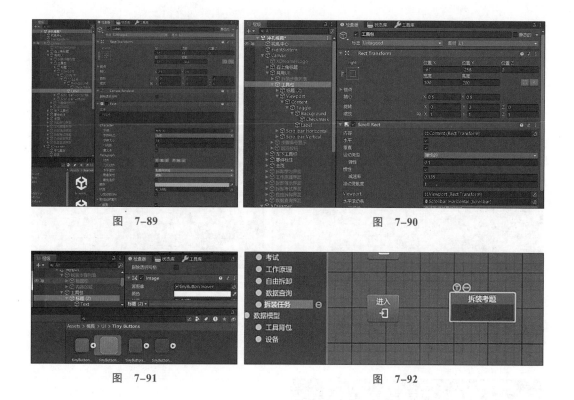

图 7-89

图 7-90

图 7-91

图 7-92

步骤 36：双击"状态机"找到"拆装任务"，创建一个"旋转"，更改名称属性为"扳手动画"，设置"游戏对象"为"扳手工具"，如图 7-94 所示。

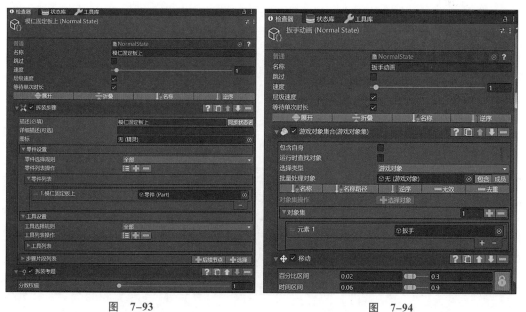

图 7-93

图 7-94

步骤 37：增加组件为"游戏对象激活区间"，如图 7-95 所示。

步骤 38：更改参数使扳手实现旋转移动，参数设置如图 7-96 所示。

图　7-95

图　7-96

步骤 39：更改参数使扳手实现定时消失，参数设置如图 7-97 所示。

步骤 40：时间轴分区示意图如图 7-98 所示。

图　7-97

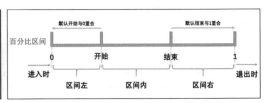

图　7-98

步骤 41：单击"工具库"，创建移动按钮，修改名称属性为"防尘罩螺栓移动"，如图 7-99 所示。

步骤 42：内部增加旋转及音频组件，使螺栓移动旋转并有配音，各参数如图 7-100 所示。

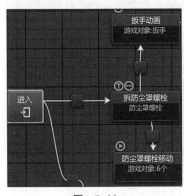

图　7-99

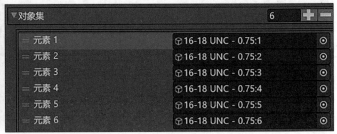

图　7-100

步骤 43：移动属性修改如图 7-101 所示。

步骤 44：旋转属性修改如图 7-102 所示。

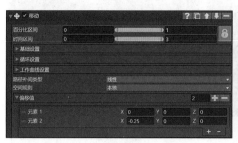

图　7-101

图　7-102

步骤 45：音频参数修改如图 7-103 所示。

步骤 46：为了取消音频自动播放，需要修改参数，如图 7-104 所示。报错时单击"解决冲突"即可取消"2.844"音乐播放三秒的问题。

图　7-103

图　7-104

步骤 47：单击"模仁固定板上"选择步骤片段列表，如图 7-105 所示。

步骤 48：单击"状态机"，在"主界面"中单击"游戏对象激活"，如图 7-106 所示。

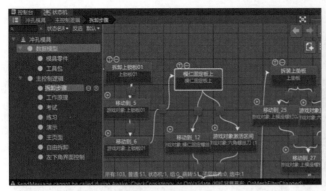

图 7-105

图 7-106

步骤 49：修改其属性，如图 7-107 所示。

步骤 50：修改名称属性为"隐藏拆装工具"，如图 7-108 所示。

步骤 51：复制"拆卸防尘罩螺丝状态机"，修改名称属性为"拆卸防尘罩"，单击"状态机"，找到"主逻辑控制"内的"拆卸任务"，移动防尘罩，在屏幕右侧"检查器"中找到"移动"，修改偏移值，如图 7-109 所示。

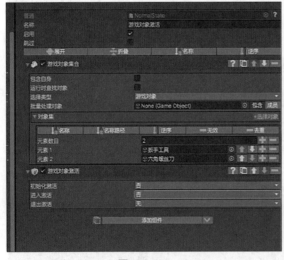

图 7-107

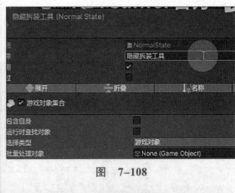

图 7-108

图 7-109

步骤 52：把"工作曲线"设置中的"空间规则"修改成"本地旋转"，如图 7-110 所示。

步骤 53：修改完成后，制作状态机如图 7-111 所示。

步骤 54：单击"状态机""拆卸考题"，操作界面如图 7-112 所示。

图 7-110

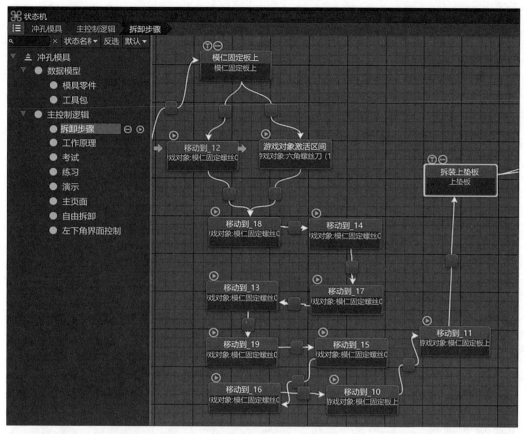

图　7-111

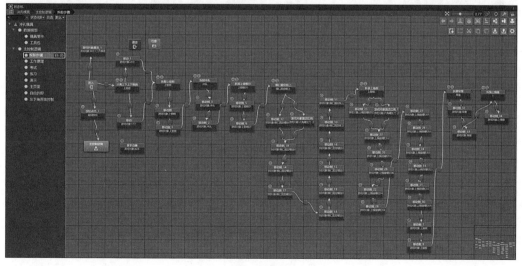

图　7-112

步骤 55：修改螺丝刀状态机检查器参数，如图 7-113 所示。

步骤 56：修改旋转参数，如图 7-114 所示。

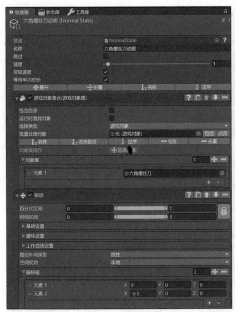

图 7-113

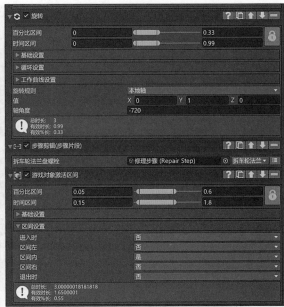

图 7-114

步骤 57：继续创建，如图 7-115 所示。

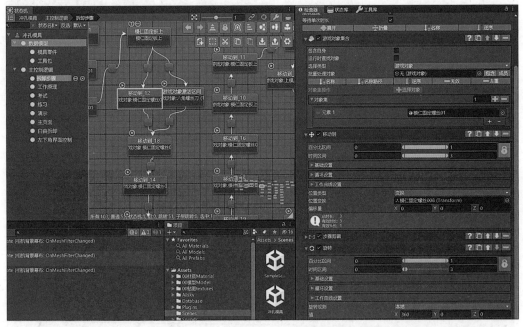

图 7-115

步骤 58：创建完成后修改参数，如图 7-116 所示。

步骤 59：在屏幕右侧单击"检查器"，修改"工作剪辑集合"中的"移动"参数，如图 7-117 所示。

步骤60：修改"工作剪辑集合"中的"音频"参数，如图7-118所示。

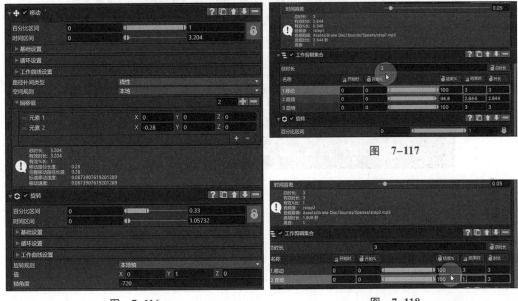

图 7-116

图 7-117

图 7-118

步骤61：单击屏幕右上角"工具库"找到"拆装"，单击，找到"拆装步骤列表"，如图7-119所示。

步骤62：在"层级"中单击"拆装步骤列表"，在屏幕右侧找到"检查器"，修改"宽度"和"高度"，如图7-120所示。

步骤63：单击"检查器"找到"graphic drag color"，将颜色修改成"蓝色"，参数界面如图7-121所示。

图 7-119

图 7-120

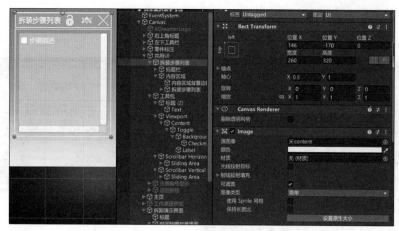

图　7-121

 技能训练

完成以上步骤后，制定机械拆装任务完成，"制定机械拆装任务"技能训练表见表 7-3。

表 7-3　"制定机械拆装任务"技能训练表

学生姓名		学号		所属班级	
课程名称		训地点			
实训项目名称	制定机械拆装任务	实训时间			
实训目的： 掌握制定机械拆装任务的方法和技巧。					
实训要求： 1. 根据机械拆装任务，进行 UI 的编辑制作。 2. 根据机械拆装任务，完成交互编辑。 3. 在状态机内编辑机械拆装任务。					
实训截图过程：					
实训体会与总结：					
成绩评定		指导老师 签名			

任务 7-4　制作学习界面

情境导入

通过几个课程的学习，刘老师开始抛出问题：大家现在觉得学习界面的制作会不会和我们之前的课程类似呢？小李同学认为这一环节应该也有它与众不同的地方，这让小李同学对 Unity 有了更新的认识。

任务目标

知识目标

1. 了解学习界面制作的基本流程。

2. 熟悉学习界面制作的基本技巧。

3. 掌握学习界面制作的方法。

技能目标

1. 提升学生对 Unity 交互设计的软件应用能力。

2. 提升学生独立思考的能力。

3. 深化学生 Unity 交互软件设计的能力。

思政目标

1. 增强学生的国家意识，培养担当民族复兴大任的意识和能力。

2. 提升学生的文化和审美素养，培养具有人文和创新精神的人才。

3. 培养学生的创新意识和实践能力，促进学生的综合素质提升。

建议学时

1 学时。

相关知识

学习利用 Unity 软件中的"时间轴播放器"进行学习界面的制作。"时间轴播放器"是 Unity 编辑器中的一个可视化工具，它允许开发人员创建和编辑时间轴，从而控制游戏中的动画、音频、特效、剪辑等，方便地控制游戏对象的运动和交互。

操作步骤

步骤1：单击"状态机"找到"学习"单击选择，如图 7-122 所示。

步骤2：找到屏幕右上角"工具库"，打开"时间轴"，创建"时间轴播放器"，操作如图 7-123 所示。

步骤3：单击"检查器"内"时间轴播放器"按钮，如图 7-124 所示。

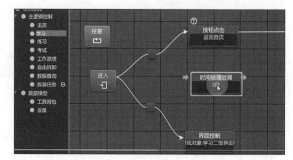

图 7-122

图 7-123

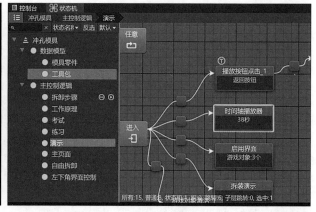

图 7-124

完成以上操作后，效果界面如图 7-125 所示。

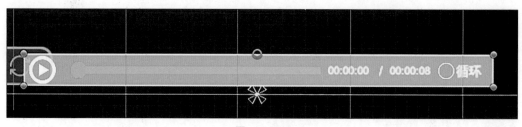

图 7-125

步骤4：单击"时间轴播放器"，找到屏幕右侧的"检查器"，找到"播放内容"右侧加号，如图 7-126 所示。

步骤5：右击拆装任务状态机，添加组件"时间轴播放器"，找到"时间轴"选项，添加，如图 7-127 所示。

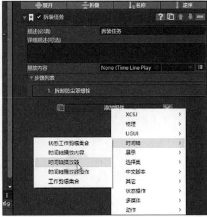

图　7-126　　　　　　　　　　　　　　图　7-127

步骤6：单击"时间轴播放内容"右侧按钮，修改参数为"拆装任务"，如图7-128所示。

步骤7：在"层级"内将"时间轴播放器"界面调整到学习界面下，如图7-129所示。

图　7-128　　　　　　　　　　　　　图　7-129

 技能训练

完成以上步骤后，制作学习界面完成，"制作学习界面"技能训练表见表7-4。

表 7–4 "制作学习界面"技能训练表

学生姓名		学号		所属班级	
课程名称			实训地点		
实训项目名称		制作学习界面	实训时间		

实训目的：
掌握制作学习界面的方法和技巧。

实训要求：
1. 在项目内，正确创建"时间轴播放器"。
2. 在项目内，正确设置"时间轴播放器"参数。
3. 根据要求，完成学习界面的制作。

实训截图过程：

实训体会与总结：

成绩评定		指导老师 签名	

任务 7-5　制作练习界面

任务 7-5　制作练习
界面

任务 7-6　制作考试界面

任务 7-6　制作考试
界面

任务 7-7　机械结构工作原理演示

任务 7-7　机械结构
工作原理演示

任务 7-8　制作功能区效果

任务 7-8　制作功能
区效果

项目 8
美丽乡村虚拟现实搭建

　　党的二十大报告强调了推进乡村治理体系和治理能力现代化的重要性，推进农村产业发展和农村环境改善，促进农村经济的繁荣和农民的幸福生活。通过虚拟现实技术可以建立一个真实、引人入胜的美丽乡村场景，将其作为宣传推广的载体，通过 VR 漫游、VR 视频等形式向更多人展示美丽乡村的风貌和特色，吸引更多的游客前来旅游，促进当地经济发展。同时通过虚拟现实技术可以建立一个真实的、交互式的教学场景，让学生在其中学习美丽乡村建设的相关知识和技能，增强实践能力和创新思维能力。同时，也可以通过虚拟现实技术对乡村干部进行培训，加深与提高其美丽乡村建设的认识和水平。

项目提要

　　本项目需要读者在掌握 Unity 软件、XDreamer 插件的基础命令和了解美丽乡村虚拟现实搭建制作的基本知识的基础之上，进行美丽乡村虚拟现实搭建制作，了解美丽乡村虚拟现实搭建制作的基本流程，掌握美丽乡村虚拟现实搭建制作的方法与技巧，并利用 3ds MAX、Unity 等软件来完成本项目案例。

项目思维导图

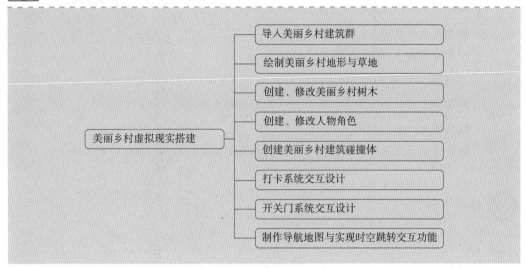

建议学时

14 学时。

任务 8-1 导入美丽乡村建筑群

 ## 情境导入

张老师带领同学们浏览了美丽乡村建筑群，其精致写实、栩栩如生，如同画中仙境，深深地吸引了同学们的注意力。同学小王问张老师：这么精致的模型，我们自己也可以利用软件进行模拟制作吗？张老师回答：在本任务的课程中，将会针对美丽乡村建筑群的导入进行学习，到时每个同学都可以完成美丽乡村建筑群的导入，放心，你肯定会掌握美丽乡村建筑群导入技术的。

 ## 任务目标

知识目标

1. 了解导入美丽乡村建筑群的基本流程。

2. 熟悉导入美丽乡村建筑群的基本技巧。

3. 掌握导入美丽乡村建筑群制作的方法。

技能目标

1. 提升学生对导入美丽乡村建筑群的软件应用能力。

2. 提高学生独立思考的能力。

3. 深化学生调节材质软件设计的能力。

思政目标

1. 加深学生对社会、国家政策，行业规则及职业操守的理解。

2. 锻炼学生健全、积极向上的态度。

3. 提升学生的文化素养和审美素养，培养具有人文精神和创新精神的人才。

 建议学时

1学时。

 相关知识

学习利用3ds MAX，完成建筑参数设置，在Unity软件导入美丽乡村建筑群。

 操作步骤

步骤1： 打开3ds MAX软件，导入素材文件包中的项目8美丽乡村虚拟现实搭建主建筑群文件，观察模型，如图8-1所示。

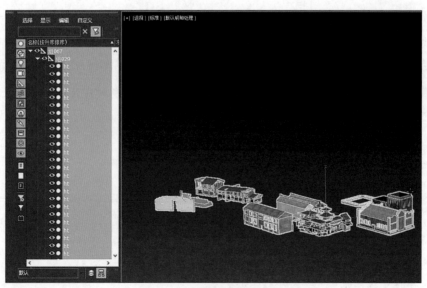

图 8-1

步骤 2：检查软件单位设置。将"公制"更改为"米"，将"系统单位比例"更改为"厘米"，主栅格为 1 米。

步骤 3：孤立其中的门单独显示观察展开调整，如图 8-2 所示。

图 8-2

步骤 4：切换至前视图，创建一个长方体，数据改为 2 米，如图 8-3 所示。

步骤 5：按 W 键选择长方体。

提示：一般门为 2 米左右，通过这一个模型，可以知道模型的比例是合适的，按此方法调整其他所有模型尺寸，如图 8-4 所示。

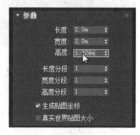

图 8-3

图 8-4

步骤 6：框选全部模型，单击"文件"→"导出"→"导出选定对象"。

步骤 7：单击"保存"，勾选"嵌入的媒体"，单击"确定"。

提示：未勾选"嵌入的媒体"导出的模型是没有贴图的，如图 8-5 所示。

步骤 8：导出，拖入示范工程中。

提示：提前建好模型 models 文件夹。

步骤 9：在 Unity 中创建项目，导入建筑文件，如图 8-6 所示。

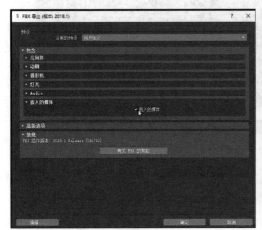 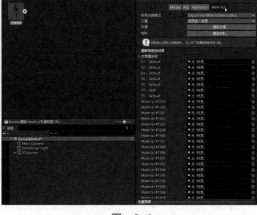

图 8-5   图 8-6

步骤 10：拾取材质，单击 Standard 使用外部材质，"从模型材质"，单击"应用"，如图 8-7 所示。

提示：假如贴图显示报错，重新放入贴图，单击"Ignore"即可。导入以后，会生成一个 Materials 和一个主建筑群 fbm，如图 8-8 所示。

 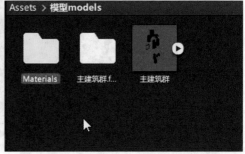

图 8-7   图 8-8

提示：fbm 就是 fbx 解压出来的所有贴图。m 是 max 的缩写，这里面就是它所有的材质。

步骤 11：拖入主建筑群文件，重新更换拾取材质。3ds MAX 反射率默认为灰色，可以手动调节材质的颜色、明暗，如图 8-9 所示。

提示：在导入 Unity 以前，把所有材质默认的反射率颜色，也就是 3ds MAX 里的漫反射调成白色，如图 8-10 所示。

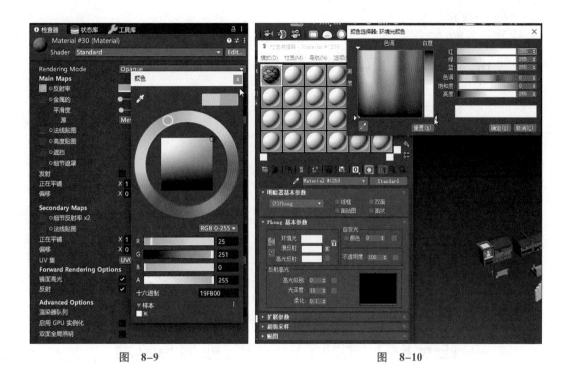

图 8-9   图 8-10

建筑导入完成。

 技能训练

完成以上步骤后，导入美丽乡村建筑群完成，"导入美丽乡村建筑群"技能训练表见表 8-1。

表 8-1 "导入美丽乡村建筑群"技能训练表

学生姓名		学号		所属班级	
课程名称		实训地点			
实训项目名称	导入美丽乡村建筑群	实训时间			

续表

实训目的： 掌握导入美丽乡村建筑群的方法和技巧。			
实训要求： 1. 根据项目的要求，设置 3ds MAX 导出参数。 2. 在 Unity 准确创建设计项目。 3. 根据要求，完成美丽乡村建筑群的导入。			
实训截图过程：			
实训体会与总结：			
成绩评定		指导老师 签名	

任务 8-2　绘制美丽乡村地形与草地

 情境导入

　　张老师给同学们展示了美丽乡村虚拟现实模型中真实、美丽的地形与草地，同学们惊叹于波澜起伏的地形与根根分明的青草。同学小王问张老师：怎么样才能创建出这么壮阔宏伟的地形以及真实葱郁的草地呢？张老师回答：在本任务的课程中，将会针对如何绘制美丽乡村地形与草地进行学习，到时每个同学都可以制作出壮阔的地形和葱郁的草地，放心，你肯定会掌握美丽乡村地形与草地绘制技术的。

 任务目标

知识目标

1. 了解绘制美丽乡村地形与草地的基本流程。

2. 熟悉绘制美丽乡村地形与草地的基本技巧。

3. 掌握绘制美丽乡村地形与草地的方法。

技能目标

1. 提升学生对绘制美丽乡村地形与草地的软件应用能力。

2. 提升学生独立思考的能力。

3. 深化学生调节材质软件设计的能力。

思政目标

1. 加深对社会、国家政策，行业规则及职业操守的理解。

2. 培养学生的自主学习能力和批判思维能力，提升学生的逻辑思维和表达能力。

3. 提升学生的文化素养和审美素养，培养具有人文精神和创新精神的人才。

 建议学时

2 学时。

 相关知识

学习利用 Unity 软件，明确参数设置，绘制美丽乡村地形与草地。

 操作步骤

步骤 1：在项目中，建立模型和贴图两个文件夹，导入素材贴图文件，贴图的文件夹命名为"textures"。

提示：建议刚开始的时候把贴图和 textures 放在一起，可以直接调用。

步骤 2：创建地形，单击"游戏对象"→"3D 对象"→"地形"，如图 8-11 所示。

步骤 3：整理地形位置，输入"地形宽度""地形长度"数值改变地形大小，如图 8-12 所示。

步骤 4：按 W 键，拖动地形放至中心位置，如图 8-13 所示。

| 立方体 |
| 球体 |
| 胶囊 |
| 圆柱 |
| 平面 |
| 四边形 |
| Text - TextMeshPro |
| 布偶... |
| 地形 |
| 树 |
| 风区 |
| 3D 文本 |

图 8-11

提示：注意观察建筑群与地形位置关系，尽量贴紧地面。

步骤 5：进入绘制地形，单击绘制地形"Paint Texture"，如图 8-14 所示。

步骤 6：单击选择"Raise or Lower Terrain"，在地形上涂抹就可以绘制生成山地丘陵，如图 8-15 所示。

图　8-12

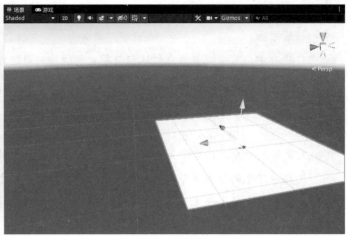

图　8-13

图　8-14

图　8-15

提示：按住 Shift 键进行涂抹，可以恢复平坦地形。通过控制画笔大小，可以控制绘制山体的大小，如图 8-16 所示。

步骤 7：反复涂抹绘制，形成错落有致、群山环绕的地形，如图 8-17 所示。

提示：在制作的时候为了更逼真的效果，需要更细致地处理，如图 8-18 所示。

步骤 8：开始绘制草地，创建层，如图 8-19 所示。

步骤 9：选择"贴图"，双击第一个草地贴图，添加草地笔刷，如图 8-20 所示。

步骤 10：根据贴图，依次创建多个草地笔刷。

步骤 11：选择笔刷，单击地形，地形颜色会变为第一个草地笔刷颜色，如图 8-21 所示。

提示：注意调整画笔合适的大小，建议使用大笔刷，调低不透明度。

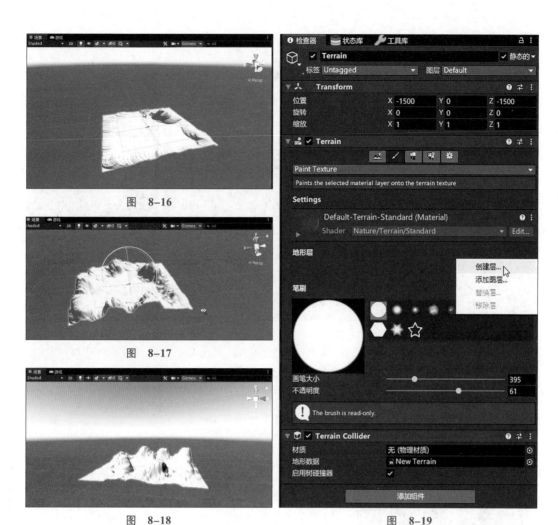

图 8-16

图 8-17

图 8-18

图 8-19

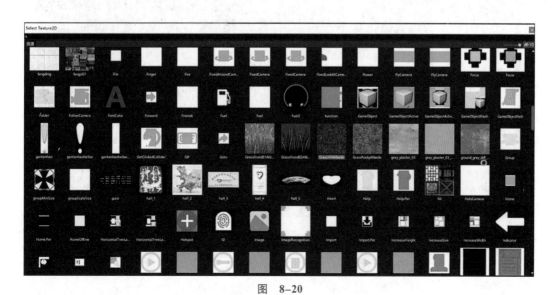

图 8-20

步骤 12：设置法线贴图，放入高度贴图，如图 8-22 所示。

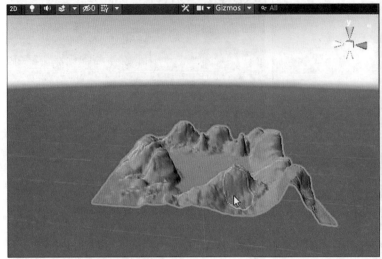

图　8-21　　　　　　　　　　　　　　　　　图　8-22

步骤 13：将法线导入为法线贴图。

步骤 14：选择 Smooth Height。细化调整，进行山体磨皮，使山体平滑，如图 8-23 所示。

步骤 15：下面在地形上种植草地，单击"绘制细节"，如图 8-24 所示。

图　8-23　　　　　　　　　　　　　图　8-24

步骤 16：单击"添加草纹理"，如图 8-25 所示。

步骤 17：选择草纹理贴图，单击"Add"，如图 8-26 和图 8-27 所示。

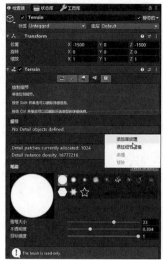
图 8-25

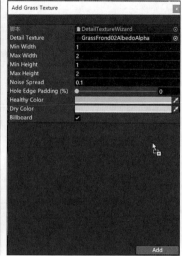
图 8-26

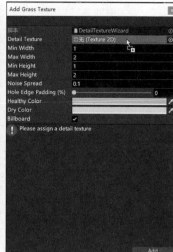
图 8-27

步骤 18: 选择画笔,调节画笔大小,在地形上绘制,草绘制完成,如图 8-28 所示。

提示: 如果草过于密集,可以缩小笔刷或调整不透明度,按住 Shift 键可以把草擦除。草的速度、大小、弯曲、色彩等参数需要进行调节。基本可以使用默认参数,草的色彩明亮一些,不要过于灰暗,注意体现出草的生机。如图 8-29 所示。

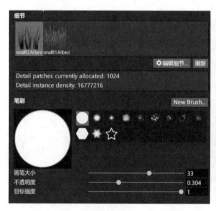
图 8-28

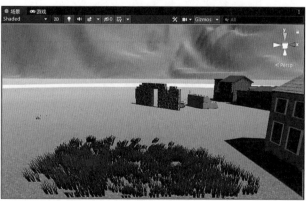
图 8-29

步骤 19: 继续选择,使用不同的草贴图进行绘制。

步骤 20: 编辑草地细节,单击"编辑",这里的 1 是指 1 米乘 1 米,一般来说草为 20 厘米,最小高度是 0.2,把最小高度和宽度统一。

提示: 编辑后注意擦除多余的草。

技能训练

完成以上步骤后，绘制美丽乡村地形与草地完成，"绘制美丽乡村地形与草地"技能训练表见表 8-2。

表 8-2 "绘制美丽乡村地形与草地"技能训练表

学生姓名		学号		所属班级	
课程名称			实训地点		
实训项目名称	绘制美丽乡村地形与草地		实训时间		
实训目的： 掌握绘制美丽乡村地形与草地的方法和技巧。					
实训要求： 1. 根据项目的要求，设置 Unity 绘制参数。 2.Unity 地形绘制，设置草地绘制画笔参数。 3. 根据要求，完成美丽乡村地形与草地的绘制。					
实训截图过程：					
实训体会与总结：					
成绩评定			指导老师 签名		

任务 8-3　创建、修改美丽乡村树木

 情境导入

　　张老师带领同学们观赏了美丽乡村的树木群，其精致写实、栩栩如生，深深地吸引了同学们的注意力。同学小王问张老师：这么精致的模型，我们自己也可以利用软件进行模拟制作吗？张老师回答：在本任务的课程中，将会针对美丽乡村树木的绘制与修改进行学习，到时每个同学都可以制作出美丽的树木，放心，你肯定会掌握美丽乡村树木建造技术的。

 任务目标

知识目标

1. 了解创建、修改美丽乡村树木的基本流程。

2. 熟悉创建、修改美丽乡村树木的基本技巧。

3. 掌握创建、修改美丽乡村树木的方法。

技能目标

1. 提升学生对创建、修改美丽乡村树木的软件应用能力。

2. 提升学生独立思考的能力。

3. 深化学生调节材质软件设计的能力。

思政目标

1. 加深对社会、国家政策，行业规则及职业操守的理解。

2. 培养学生的自主学习能力和批判思维能力，提升学生的逻辑思维和表达能力。

3. 提升学生的文化素养和审美素养，培养具有人文精神和创新精神的人才。

 建议学时

2 学时。

 相关知识

　　学习利用 Unity 软件，明确参数设置，创建修改美丽乡村树木。

操作步骤

步骤 1：单击"游戏对象"→"3D 对象"→"树"，如图 8-30 所示。

步骤 2：单击"树种"，在相应场景中鼠标左键添加一个树枝，如图 8-31 所示。

提示：注意可以舍弃多余树枝。

步骤 3：单击"树枝"，添加分枝组。

步骤 4：调整树枝，在"分布"内调整频率为 10，生长角度调整为正值，如图 8-32 所示。

图 8-30

图 8-31

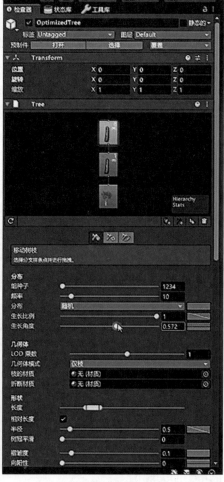

图 8-32

步骤 5：继续调整树枝，改变样式，更改生长方向，如图 8-33 所示。

步骤 6：单击添加叶组，如图 8-34 所示。

步骤7：叶组"频率"设置为10，如图8-35所示。

图 8-33

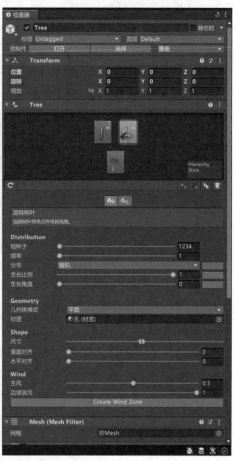

图 8-34

图 8-35

步骤8：拉下编辑面板，出现树叶"Leaf"、树干"Bark"的参数设置，如图8-36所示。

步骤9：拖入树叶材质Leaf，在颜色调节面板内，可以调节树叶的颜色，如图8-37所示。

提示：可以把颜色调节得暗一些，如图8-38所示。

步骤10：继续调节Bark树干材质，如图8-39所示。

步骤11：调节完成以后，把树木拖入"Assets"转化成"原始预制件"，如图8-40所示。

步骤12：单击地形，选择"小树"，编辑树的对应参数，用笔刷在地形上添加树，如图8-41所示。

步骤13：添加后，就可以在地形上种树，如图8-42所示。

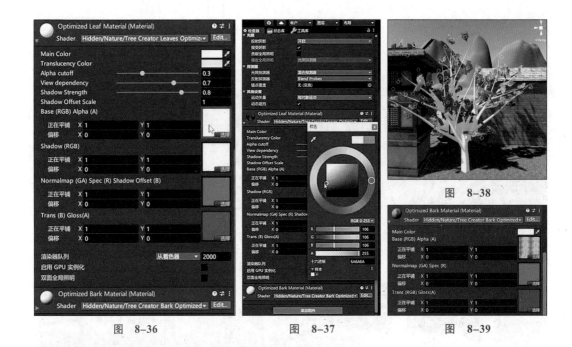

图 8-36　　　　　　　　　图 8-37　　　　　　　　　图 8-39

图 8-38

图 8-40

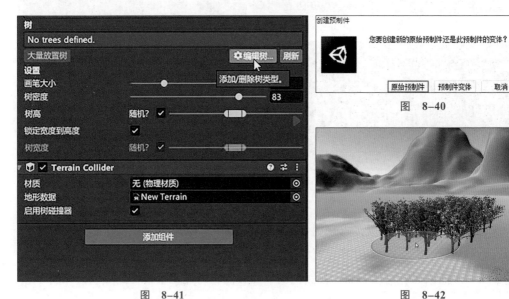

图 8-41　　　　　　　　　　　　　　图 8-42

提示：按住 Shift 键擦除多余树木。通过置入预制件，可以制作不同类型的树木。

技能训练

完成以上步骤后，创建、修改美丽乡村树木完成，"创建、修改美丽乡村树木"技能训练表见表 8-3。

表 8-3 "创建、修改美丽乡村树木"技能训练表

学生姓名		学号		所属班级	
课程名称			实训地点		
实训项目名称	创建、修改美丽乡村树木		实训时间		
实训目的： 掌握创建、修改美丽乡村树木的方法和技巧。					
实训要求： 1. 根据项目的要求，设置树木绘制参数。 2. 添加树木预制件，制作不同的树木画笔。 3. 根据要求，完成美丽乡村树木的创建修改。					
实训截图过程：					
实训体会与总结：					
成绩评定			指导老师 签名		

任务 8-4　创建、修改人物角色

 情境导入

　　张老师带领同学观察了美丽乡村虚拟现实系统中的人物角色，其具有高度自由性且精致写实、栩栩如生。精致的人物模型深深地吸引了同学们的注意力。同学小王问张老师：这么精致的模型，我们自己也可以利用软件进行模拟制作吗？张老师回答：在本任务的课程中，将会针对人物模型的创建与修改技能进行学习，到时每位同学都可以制作出自己喜欢的人物，放心，你肯定会掌握美丽乡村人物创建与修改技术的。

任务目标

知识目标

1. 了解创建与修改人物角色的基本流程。

2. 熟悉创建与修改人物角色的基本技巧。

3. 掌握创建与修改人物角色的方法。

技能目标

1. 提升学生对创建与修改人物角色的软件应用能力。

2. 提升学生独立思考的能力。

3. 深化学生调节材质软件设计的能力。

思政目标

1. 加深对社会、国家政策，行业规则及职业操守的理解。

2. 培养学生的自主学习能力和批判思维能力，提升学生的逻辑思维和表达能力。

3. 提升学生的文化素养和审美素养，培养具有人文精神和创新精神的人才。

 建议学时

1 学时。

 相关知识

学习利用 Unity 软件、XDreamer 的工具库，进行 Ethan 角色设置，创建与修改人物角色。

 操作步骤

步骤 1：打开 Unity 软件，安装素材文件包中软件 XDreamer。单击"工具库"→"角色"→创建"Ethan 角色"，如图 8-43 所示。

提示：如图 8-44 所示，新建 Ethan 角色后的初始位置，需要将 Ethan 角色移动到场景的合适处，再进行测试。

步骤 2：单击 Ethan 角色移动到场景位置，使角色面对项目场景。单击运行，进行观察，如图 8-45 所示。

步骤 3：更改角色贴图的样式，双击 Ethan 角色，进入检查器。

步骤 4：单击"Ethan Material"，双击贴图材质图片，右击贴图材质图片，选择"在资源管理器中显示"，如图 8-46 所示。

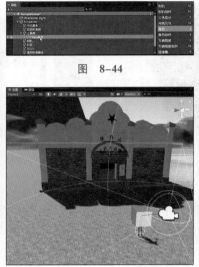
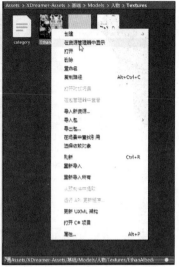

图 8-44

图 8-43　　　　　　图 8-45　　　　　　图 8-46

步骤 5：按 Ctrl+C 组合键复制贴图，将图片导入 PS 软件，展开编辑，如图 8-47 所示。

步骤 6：重复按 Ctrl+J 组合键，直到图片清晰，如图 8-48 所示。

提示：可以创建无数个图层。

步骤 7：按 Ctrl+E 组合键拼合图层，如图 8-49 所示。

图　8-47　　　　　　图　8-48　　　　　　图　8-49

步骤 8：新建图层，沿着头发进行描边，包括上方，如图 8-50 所示。

步骤 9：选择颜色加深，如图 8-51 所示。

步骤 10：选择合适的颜色，使用图层中的"混合更改"功能，选择"颜色减淡"，如图 8-52 所示。

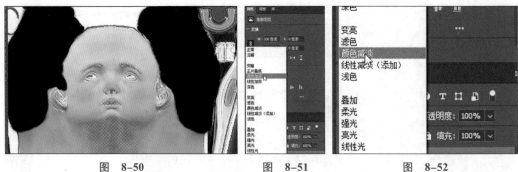

图 8-50 图 8-51 图 8-52

步骤 11：按 Ctrl+G 组合键，再按 Ctrl+E 组合键，拖到下方，如图 8-53 所示。

步骤 12：导出重新编辑的贴图。

步骤 13：把导出贴图按 Ctrl+C 组合键复制，按 Ctrl+V 组合键粘贴到 Unity 工程根文件里进行替换。

步骤 14：回到 Unity，将角色头发更改为黑色，如图 8-54 所示。

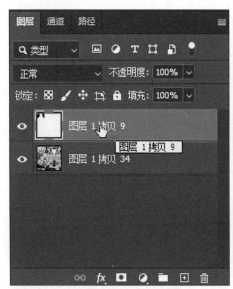

图 8-53

图 8-54

提示：其他贴图也可以用这样的方法来进行材质的更换。

 技能训练

完成以上步骤后，创建、修改人物角色完成，"创建、修改人物角色"技能训练表见表 8-4。

表 8-4 "创建、修改人物角色"技能训练表

学生姓名		学号		所属班级	
课程名称		实训地点			
实训项目名称	创建、修改人物角色	实训时间			
实训目的： 掌握创建、修改人物角色的方法和技巧。					
实训要求： 1. 根据项目的要求，设置 Ethan 角色参数。 2. 对 Ethan 角色材质贴图，导入 PS 绘制修改。 3. 根据要求，完成人物角色的创建与修改。					
实训截图过程：					
实训体会与总结：					
成绩评定		指导老师 签名			

任务 8-5　创建美丽乡村建筑碰撞体

任务 8-5　创建美丽
乡村建筑碰撞体

碰撞体制作

223

任务 8-6　打卡系统交互设计

任务 8-7　开关门系统交互设计

任务 8-8　制作导航地图与实现时空跳转交互功能

1. 普通图书

[1] 黎娅，刘明. 虚拟现实 VR 设计方法论 [M]. 北京：中国水利水电出版社，2018.

[2] 李胜男. Unity & VR 游戏美术设计实战 [M]. 北京：电子工业出版社，2020.

[3] 北京新奥时代科技有限责任公司. 虚拟现实应用开发教程：中级 [M]. 北京：电子工业出版社，2020.

[4] 汪振泽，肖名希，王雪苹，等. Virtual Reality 虚拟现实技术应用案例教程 [M]. 北京：中国青年出版社，2020.

[5] 张尧. Unity 3D 从入门到实战 [M]. 北京：水利水电出版社，2021.

2. 期刊文献

[1] 魏胡. 虚拟现实技术在计算机课程教学中的应用 [J]. 集成电路应用，2023，39（10）：128-129.

[2] 周恩博，李正东. 基于虚拟现实技术的工业遗产数字化路径研究 [J]. 艺术与设计，2022，2（10）：111-113.

[3] 张利洁，王小禾. 跨越"第四堵墙"：虚拟现实叙事的媒介潜力 [J]. 中国出版，2022（18）：22-26.

[4] 李汉涛. 虚拟现实技术对文化遗产传承的现实意义 [J]. 大众标准化，2023（1）：89-91.

[5] 张轶群，张伊波. 虚拟现实柴油发电机组教学研究 [J]. 移动电源与车辆，2022，53（4）：29-31.

[6] 曲倩文，车啸平，曲晨鑫，等. 基于信息感知的虚拟现实用户临场感研究 [J]. 计算机科学，2022，49（9）：146-154.

3. 会议录、论文集

[1] 王绍森，石峰，李立新. 数智赋能：2022 全国建筑院系建筑数字技术教学与研究学术研讨会论文集 [C]. 武汉：华中科技大学出版社，2022.

[2] 第十七届中国智能交通年会学术委员会. 第十七届中国智能交通年会科技论文集 [C]. 北京：机械工业出版社，2022.

4. 学位论文

[1] 徐琳. 基于虚拟现实的韶山红色文化展演设计研究 [D]. 长沙：湖南师范大学，2017.

[2] 闫金丽. 丹凤门情景再现虚拟现实设计研究 [D]. 西安：西安理工大学，2019.

[3] 颜燕红. 虚拟现实环境下设计评价的体验研究 [D]. 杭州：浙江工业大学，2019.

5. 电子文献

[1] 虚拟现实 [EB/OL].[2023-02-12].https：//baike.baidu.com/item/%E8%99%9A%E6%8B%9F%E7%8E%B0%E5%AE%9E/207123?fromModule=search-result_lemma-recommend.

[2]Unity（游戏引擎）[EB/OL].[2023-02-12].https：//baike.baidu.com/item/Unity/10793?fromModule=search-result_lemma-recommend.

附 录

附录 A　软件 3ds MAX 快捷键

软件 3ds MAX 快捷键

附录 B　软件 Unity 快捷键

软件 Unity 快捷键

教师服务

感谢您选用清华大学出版社的教材！为了更好地服务教学，我们为授课教师提供本书的教学辅助资源，以及本学科重点教材信息。请您扫码获取。

 教辅获取

本书教辅资源，授课教师扫码获取

 清华大学出版社

E-mail: tupfuwu@163.com
电话：010-83470332 / 83470142
地址：北京市海淀区双清路学研大厦 B 座 509

网址：https://www.tup.com.cn/
传真：8610-83470107
邮编：100084